박영훈 선생의 맛있는 수학 이야기

멜론수학

멜론 수학

박영훈, 황선희 지음

문예춘추

　학교에서 학생들을 가르치는 일 만큼 좋은 직업을 아직 발견하지 못했다. 자신의 일을 하면서 인간애를 느끼고 산다는 것은 너무나 큰 행운이라고 느껴진다. 더구나 나같이 가진 것도 빈약하고 주는 것도 인색한 사람의 경우에는 학교에 있다는 사실이 더욱 더 큰 행운이라고 생각되었다. 매일 교실에서 대하는 학생들이 주는 사랑의 눈길은 나의 삶을 지탱하여 주는 원천이 되었음을 무한히 감사하게 생각한다.

　학생들의 사랑을 받기만 하다가 문득 그러한 만남이 지속되었으면

하는 바람에서 수학에 대한 이해와 원리를 설명하는 책을 내기 시작한 지 어언 10여 년의 세월이 흘렀다. 이 책은, 수학이 그 장애물이 되었든지 아니면 나의 차가운 외모에서 거부감을 느꼈든지 나를 향한 수많은 눈빛들 가운데에서 소외감과 답답한 느낌을 가지면서도 쉽게 접근하지 못하는 친구들을 위하여 씌어졌다.

이 책은 수학의 지식을 전달하거나 문제를 풀도록 씌어진 참고서라기보다는 수학에 대한 이야기책이다. 수학에 대한 이해와 원리에 대해 쉽고 맛있게 쓰기 위해 많은 정성을 들였다. 수학에 대하여 이야기하려면 살아 있는 수학을 접하여야 한다. 수학은 결코 교과서나 문제집 속에만 있지 않고, 또 입학시험 문제에만 있지 않고, 우리 주위에 있으며 우리 인류의 역사 속에 살아 있기 때문이다.

이 책을 구성하는 데에 의도적으로 특별한 체계를 만들지 않았다. 아무 때나 어느 페이지를 펴서 읽더라도 이해하는 데에 큰 지장은 없을 것이다. 각각의 내용은 그 자체로서 독립된 하나의 내용으로 구성된 이야기책이기 때문이다. 물론 수학책이므로 가끔 시간을 갖고 생각하거나 고민하여야 하는 부분도 있지만 강요하는 것은 아니다.

아무쪼록 이 책을 통해 학교에서 배우는 수학의 폭을 넓혀 수학의 또 다른 면을 볼 수 있게 된다면 더 바랄 게 없을 것 같다.

Good Luck!

2007년 1월

박영훈, 황선희

1 | 수의 세계

2 | 수의 규칙성

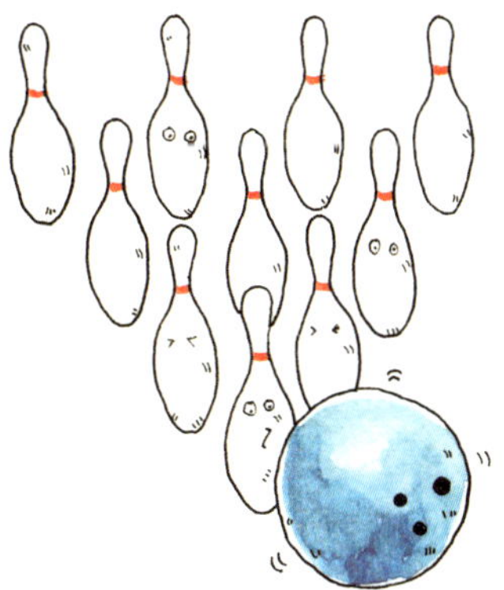

3 | π의 역사

4 | 무리수

5 | 논리

수의 세계

1

수는 추상적인 개념입니다. 우리의 어린 시절을 회상해 보면 수가 어떻게 추상화되는지 쉽게 알 수 있습니다. 수를 처음 배울 때에는 사과 2개, 사람 2명, 연필 2자루 등과 같이 숫자를 어떤 특정한 사물의 집합과 연관을 짓습니다. 그러다가 점차 1, 2, 3, 4…의 모든 자연수를 인식하게 되면서 특정한 사물과 연결하지 않고도 수를 생각할 수 있게 됩니다.

수의 탄생

고대 그리스인들은 자신들이 사는 이 세계 전체를 수와 연관시키기 위해 끊임없이 노력했습니다.

특히 피타고라스는 "만물은 수이다"라고 이야기할 만큼 이 세상의 모든 것을 수로 풀어 나가려 했습니다. 그렇다면 이렇듯 세상의 근원이라 할 수 있는 수는 어떻게 등장하게 된 것일까요?

한 마리의 새가 하늘을 날고 있습니다. 하늘을 올려다본 사람이라면 누구나 새가 한 마리라는 것을 알 수 있을 것입니다. 그런데 만약 수백 마리의 새가 하늘을 날고 있다면 몇 마리의 새가 날고 있는지 정확히 알 수 있을까요? 이처럼 보는 것만으로는 직접 그 개수를 파악하기가 어렵기 때문에 사람들은 수를 발명하게 되었습니다.

수는 추상적인 개념입니다. 우리의 어린 시절을 회상해 보면 수가 어떻게 추상화되는지 쉽게 알 수 있습니다. 수를 처음 배울 때에는 사과 2개, 사람 2명, 연필 2자루 등과 같이 숫자를 어떤 특정한 사물의 집합과 연관을 짓습니다. 그러다가 점차 1, 2, 3, 4…의 모든 자연수를 인식하게 되면서 특정한 사물과 연결하지 않고도 수를 생각할 수 있게 됩니

다. 이처럼 우리는 서로 다른 개체들의 집합이 공통으로 갖고 있는 성질
을 추상화하여 자연수를 익히게 되는 것입니다.

　수를 기록하고 말하기 위한 수단은 바로 숫자입니다. 숫자 각각에
는 특정한 상징이 담겨져 있는데, 1, 2, … , 9, 0과 같은 아라비아 숫자
들이 그 상징에 해당합니다. 바빌로니아인들이 사용했던 쐐기문자, 이
집트인들이 사용했던 '연꽃'이나 '올챙이', 그리고 마야인들이 사용했
던 점, 선, 홈 또한 같은 역할을 합니다. 새로운 기호 대신 몇 개의 문자
로 숫자를 나타낸 문명도 있습니다. 예를 들어 히브리어의 א(엘렙)은
1, ב(베스)는 2, ג(기멜)은 3을 나타내며, 그리스어의 α(알파)는 1, β
(베타)는 2, γ(감마)는 3을 나타냅니다.

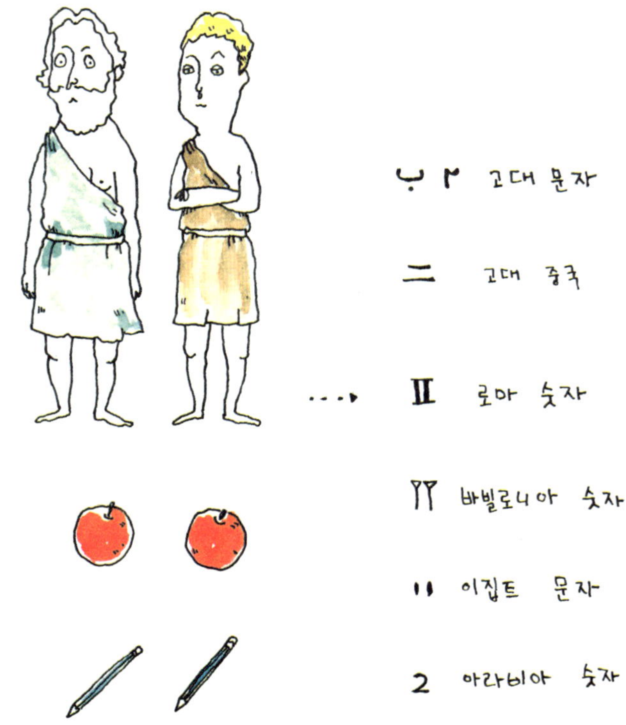

원주민은 어떻게 수를 셌을까?

숫자가 없던 시대에는 어떻게 셈을 했을까요?

너무나도 자연스럽게 숫자를 배우고 사용하는 우리들에게는 이것이 대수롭지 않은 질문일 수 있습니다. 현대를 사는 우리들은 어렸을 때부터 숫자와 셈하는 방법을 배우기 때문에 마치 걷고 뛰는 것처럼 이 능력도 선천적으로 타고난 것으로 당연히 여깁니다. 그러나 인류가 옛날부터 십진법으로 수를 표기하고 계산했던 것은 아닙니다. 먼 과거의 고대인들을 상상하는 것보다 우리가 유치원에서 숫자를 배우던 시절을 생각하면 그 대답은 의외로 쉽게 찾을 수가 있습니다.

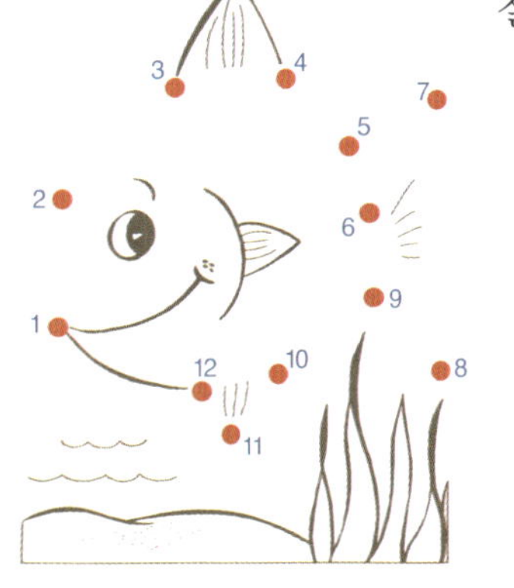

왼쪽 그림에는 물속에 사는 어떤 동물이 숨어 있습니다.
1번부터 12번까지 차례로 이어 보세요. 어떤 동물의 모습이 나타날까요?

오른쪽 그림은 뉴기니의 파푸스족이 자신의 신체를 이용하여 셈을 표현하는 그림입니다.

1. 오른손 새끼손가락
2. 오른손 약손가락
3. 오른손 가운뎃손가락
4. 오른손 집게손가락
5. 오른손 엄지손가락
6. 오른쪽 손목
7. 오른쪽 팔꿈치
8. 오른쪽 어깨
9. 오른쪽 귀
10. 오른쪽 눈
11. 코
12. 입
13. 왼쪽 눈
14. 왼쪽 귀
15. 왼쪽 어깨
16. 왼쪽 팔꿈치
17. 왼쪽 손목
18. 왼손 엄지손가락
19. 왼손 집게손가락

20. 왼손 가운뎃손가락
21. 왼손 약손가락
22. 왼손 새끼손가락
23. 오른쪽 가슴
24. 왼쪽 가슴
25. 오른쪽 엉덩이
26. 왼쪽 엉덩이
27. 생식기 부위
28. 오른쪽 무릎
29. 왼쪽 무릎
30. 오른쪽 발목

31. 왼쪽 발목
32. 오른발 새끼발가락
33. 오른발 넷째발가락
34. 오른발 가운뎃발가락
35. 오른발 둘째발가락
36. 오른발 엄지발가락
37. 왼발 엄지발가락
38. 왼발 둘째발가락
39. 왼발 가운뎃발가락
40. 왼발 넷째발가락
41. 왼발 새끼발가락

뉴기니의 파푸스족이 이용한 신체적 방법

▌뉴기니 원주민의 셈법 ▌

먼저 오른손의 새끼손가락부터 하나씩 짚어 나가기 시작하여 오른손의 모든 부분을 헤아린 다음 어깨, 귀, 눈, 코, 입을 거쳐 왼손의 새끼손가락까지 옵니다. 그런 다음 양쪽 가슴과 엉덩이, 심지어는 생식기까지 헤아린 다음 양쪽 무릎을 거쳐 발가락에서 끝나는데, 이렇듯 신체를 사용하여 나타낼 수 있는 수가 41까지입니다. 원주민들은 몇 사람의 손가락을 모아서 보다 큰 수를 나타내기도 했답니다.

앞에서 제시한 수를 세는 두 가지 방법에는 공통점이 있습니다. 유치원의 어린이와 뉴기니의 파푸스족에게는 수에 대한 추상적인 관념이 없다는 사실입니다. 예를 들어 유치원 어린이에게 9라는 수는 현재 우리가 추상적으로 갖고 있는 개념이 아닙니다. 금붕어의 입에서 하나씩 이어 나가다가 꼬리를 완성하며 통과하는 지점을 의미합니다. 그리고 뉴기니의 파푸스족에게는 오른손의 새끼손가락에서 시작하여 하나씩 짚어 나가다가 오른쪽 귀에 이르는 어떤 양을 의미합니다.

아마도 막 전투를 끝내고 이웃나라를 정복한 뉴기니의 원주민은 다음과 같이 전쟁 배상을 요구할 것입니다.

"이 전투에서 목숨을 잃은 우리 편 군사 한 명에 대하여 그대들은 내 오른손 새끼손가락에서부터 오른쪽 눈에 이르는 수만큼의

진주 목걸이를 바쳐야 한다. 그리고 오른손 새끼손가락에서부터 입
에 이르는 수만큼의 짐승 가죽도 배상하여야 한다. 그런데 당신 부
족과의 전투에서 우리 전사는 오른손 새끼손가락에서부터 왼쪽 손
목까지 목숨을 잃었다. 그에 대한 배상을 하면 우리는 평화를 지킬
것이다.”

그렇다면 이 부족은 전리품으로 모두 몇 개의 진주 목걸이와 몇 벌의 짐승 가죽
을 챙기게 될까요?

풀이　17명의 전사자가 있었으므로

진주 목걸이는 $17 \times 10 = 170$개,

짐승 가죽은 $17 \times 12 = 204$벌을

전리품으로 얻게 된다.

이집트인의 숫자

이집트인들은 죽음을 경외했기 때문에 사후 세계를 위한 무덤을 건축하였고 그 무덤 안에 많은 유물들을 함께 보존하였습니다. 건조한 기후 덕택에 유물과 유적들이 썩지 않고 잘 보존되어 오늘날 고대 역사를 연구하는 데 풍부한 자료가 되고 있습니다.

특히 돌 비석이나 지금의 종이와 같은 역할을 했던 파피루스 등에는 이집트인들이 기원전 3400년 훨씬 이전부터 상형문자를 사용했음을 알려 주는 기록이 남아 있습니다.

다음의 그림은 상형문자로 나타낸 이집트 숫자입니다.

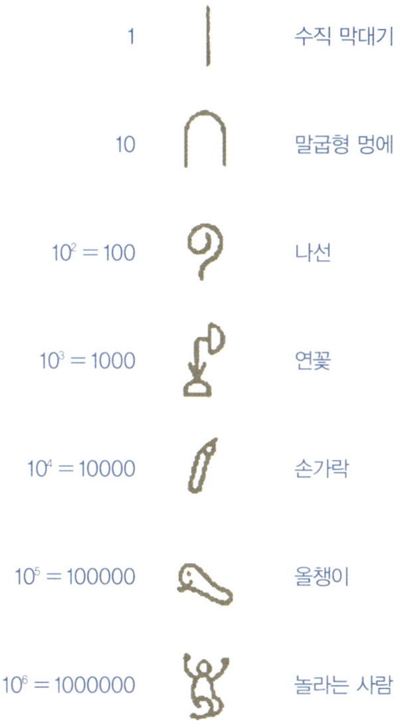

1을 나타내는 숫자는 수직 막대기입니다. 사실 이 기호는 인류가 1이라는 단위를 나타내기 위해 자연스럽게 상상하는 가장 기본적인 수단입니다.

10을 나타내는 숫자는 말굽 형상과 비슷한 멍에입니다. 이는 열 개씩 한 묶음을 만들어 묶을 때 사용되는 노끈에서 유래되었다고 추정됩니다.

100과 1000을 나타내는 숫자는 '나선'과 '연꽃'입니다. 직접적으

로는 100이나 1000과는 그 의미가 무관하지만 '나선'과 '연꽃'을 나타
내는 이집트 말이 각각 '백'과 '천'에 해당하는 소리와 일치했을 것이라
고 추정됩니다.

10000을 나타내는 숫자는 손가락 하나가 무엇을 가리키듯 약간 구
부러진 형상인데, 이집트인들이 고대부터 사용하였을 손가락 셈법의 흔
적으로 추정됩니다.

100000을 나타내는 숫자는 올챙이입니다. 이는 나일 강의 개구리
떼의 울음소리에서 유래되었다고 합니다.

1000000을 나타내는 숫자는 엄청난 크기에 놀라는 사람의 모습입
니다. 이 그림은 밤하늘의 별을 바라보면서 그 엄청난 수에 놀란 사람을
나타낸 것이라고도 생각할 수 있습니다.

이집트인들은 수를 적을 때, 오늘날의 우리와는 반대로 오른쪽에
서부터 적었습니다. 예를 들어 1436은 아래 그림과 같이 표현됩니다.

$$1436 = 1(10^3) + 4(10^2) + 3(10) + 6$$

이와 같이 이집트의 수 체계는 십진법에 기초합니다. 따라서 각 자
리의 수를 나타내기 위하여 그 자리의 값을 나타내는 기호들을 반복하
여 사용합니다.

이집트인의 계산법

▮ 이집트인의 덧셈과 뺄셈 ▮

이집트인들의 덧셈과 뺄셈도 십진법에 기초하고 있습니다. 아래 그림은 한 예로 1246 + 567의 계산 과정을 보여 줍니다.

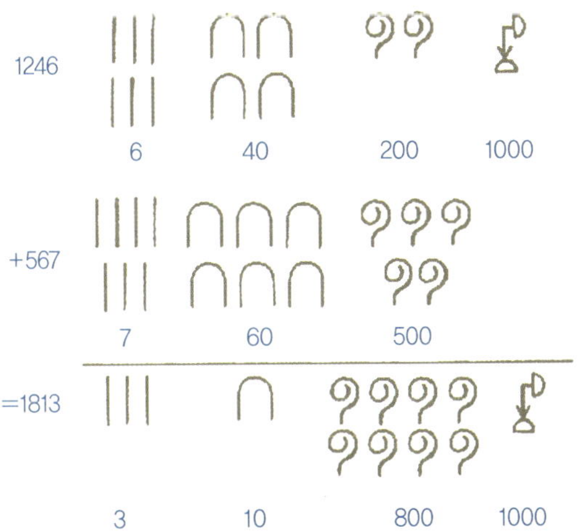

또 이집트인들은 어떤 수에다 10을 곱하거나 나누었을 때의 결과를 매우 쉽게 알았습니다. 곱하기에서는 주어진 수의 10배에 해당하는 다음 단위의 기호로 대치하면 되었고, 나누기에서는 그것의 $\frac{1}{10}$ 에 해당하는 아래 단위의 기호로 대치하면 되었습니다. 아래 그림은 14323에 10을 곱하는 과정을 보여 주고 있습니다.

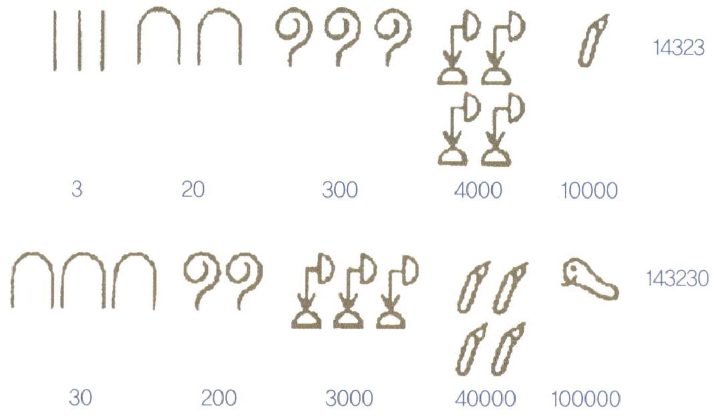

이집트인의 곱셈과 나눗셈

이집트인들의 곱셈과 나눗셈의 방식은 덧셈과 뺄셈의 방식과는 전혀 달랐습니다. 그들은 모든 양의 수가 2의 거듭제곱의 합으로 표현 가능하다는 사실을 이용했습니다. 이는 디지털 컴퓨터가 곱셈을 하는 방식과도 관련이 있습니다. 다음의 예는 12×12의 결과를 얻는 방법입니다. 왼쪽은 이집트인의 곱셈 방식을 상형문자로 적은 것이고, 오른쪽은 이것을 현대적인 표기법으로 나타낸 것입니다.

		1	12
				2	24
	||||′	*4	48
	||||′	*8	96	합 144

각 행은 이전 행에 2를 곱한 것입니다. $12 \times 12 = (4+8) \times 12 = 4 \times 12 + 8 \times 12$이므로 4와 8로 표시된 행들을 합하면 원하는 결과를 얻을 수 있는 것입니다.

이집트인들의 나눗셈은 곱셈에 의해 형성된 방식을 따랐습니다. 15를 3으로 나누기 위해서는 $3 \times x = 15$를 만족하는 수 x를 구해야 합니다. 따라서 3에 연속하여 2를 곱하고 어떤 행들의 합이 15가 되는지를 찾았던 것입니다.

*1	3
2	6
*4	12
8	4
⋮	⋮

$3+12=15$이므로 3과 12에 해당하는 행에 *표시를 하고 그 두 수를 더하면 15를 3으로 나눈 몫이 5임을 알 수 있습니다.

양 두 마리를
공평하게 나누는 법

이집트에서는 물건을 나눌 때 분수를 단위분수의 합으로 나타내고 이를 활용했다고 합니다.

예를 들어 사과 두 개를 다섯 명이 똑같이 나누어 먹기 위해서는 어떻게 해야 할까요? 물론 두 개의 사과를 각각 다섯 조각으로 나누어 먹으면 됩니다. 하지만 양 두 마리를 다섯 명이 공평하게 나누어 가지려면 어떻게 해야 할까요? 물론 사과와 같은 방법을 이용할 수도 있지만, 나누어 가진 부위에 따라 불공평하다고 생각하는 사람이 있을 수도 있습니다. 그래서 이집트인들은 재미있는 방법을 사용했습니다. 우선 양 두 마리를 각각

삼등분하여 여섯 부위로 만든 후 다섯 명이 하나씩 나누어 갖습니다. 그리고 다시 남은 나머지 $\frac{1}{3}$ 을 다섯 부위로 나누어 $\frac{1}{15}$ 씩 나누어 갖는 것입니다.

이집트인들은 단위분수를 나타내기 위해 특별한 기호 ⬭ 를 사용했습니다. 또한 $\frac{1}{2}$ 과 $\frac{2}{3}$ 는 또 다른 기호를 사용하여 특별하게 나타냈습니다.

위에서 예를 들어 설명한 것처럼 이집트인들은 분수를 단위분수의 합으로 나타내었는데, 하나의 분수를 두 개의 단위분수로 분해하는 방법을 여러 가지 알고 있었다고 합니다.

방법Ⅰ $\quad \dfrac{c}{ab} = \dfrac{1}{ad} + \dfrac{1}{bd}$, 단 $d = \dfrac{a+b}{c}$

예 $\quad \dfrac{2}{7} = \dfrac{1}{1 \cdot 4} + \dfrac{1}{7 \cdot 4} \left(a=1,\ b=7,\ c=2,\ d=\dfrac{1+7}{2} \right)$

 $\dfrac{2}{2n+1} = \dfrac{1}{n+1} + \dfrac{1}{(n+1)(2n+1)}$

예 $\dfrac{2}{9} = \dfrac{2}{2 \cdot 4 + 1} = \dfrac{1}{4+1} + \dfrac{1}{(4+1)(2 \cdot 4 + 1)}$

 $\dfrac{2}{n} = \dfrac{1}{n} + \dfrac{1}{2n} + \dfrac{1}{3n} + \dfrac{1}{6n}$

예 $\dfrac{2}{5} = \dfrac{1}{5} + \dfrac{1}{2 \cdot 5} + \dfrac{1}{3 \cdot 5} + \dfrac{1}{6 \cdot 5}$

 $\dfrac{2}{3k} = \dfrac{1}{2k} + \dfrac{1}{6k}$

예 $\dfrac{2}{15} = \dfrac{2}{3 \cdot 5} = \dfrac{1}{2 \cdot 5} + \dfrac{1}{6 \cdot 5}$

단 두 개의 기호로 나타내는 바빌로니아의 숫자

바빌로니아인들은 점토판에 쐐기의 끝을 비스듬히 자른 것으로 문자를 새겨 기록을 남겼는데, 그러한 이유로 바빌로니아의 문자를 쐐기문자라고 부릅니다.

바빌로니아인들은 쐐기문자를 사용하여 문자나 숫자를 나타냈습니다.

위의 그림에서처럼 그들은 단 두 개의 기호를 사용하여 수를 표현했는데, ▌과 ◀는 각각 1과 10을 나타냅니다. 아래 그림은 쐐기문자로 84를 나타낸 것입니다.

쓰여 있는 순서대로 읽어도, 또는 앞에서 살펴본 이집트 숫자처럼 뒤에서부터 읽어도 84라는 것을 한눈에 알기는 쉽지 않을 것입니다. 그 이유는 바빌로니아인들이 사용한 수 체계가 십진법이 아니라 육십진법이고 뿐만 아니라 그들이 '위치 기수법'을 사용했기 때문입니다. 위치 기수법은 놓여 있는 자리에 따라 숫자가 나타내는 값이 달라지는 숫자 표기법입니다. 예를 들어 위의 숫자에서 가장 앞에 있는 ▼는 60을, 그리고 ◄◄▼▼▼는 24를 나타냅니다. 앞서 살펴본 이집트의 기수법과는 전혀 다른 방법으로 숫자를 나타내고 있죠? 이집트인들은 위치 기수법을 사용하지 않았기 때문에 어느 위치에 놓여 있든 |은 '하나'의 값을 가지며, 또 ∩과 ♀은 각각 '십'과 '백'의 값을 가집니다. 따라서 '124'는 ||||∩∩♀로 표기됩니다.

하지만 바빌로니아인들이 사용한 위치 기수법에서는 놓여 있는 위치에 따라 그 숫자가 나타내는 값도 달라집니다. 우리가 오늘날 사용하는 십진법도 위치 기수법이죠. 24의 2와 245의 2는 같은 숫자이지만 놓여 있는 위치 때문에 각각 20과 200을 뜻하니까요.

수를 이용한 바빌론의 전설

바빌로니아의 수 체계를 이용한 전설이 있습니다. 바빌로니아는 기원전 689년에 파괴되었다가 11년 뒤 아자라돈 왕에 의하여 재건되었는데, 그의 왕권을 공고히 하기 위하여 다음과 같은 일화를 만들었습니다.

"바빌로니아의 신 가운데 최고의 신 마르듀께서는 바빌로니아를 저버리는 기간으로 70년을 운명의 대장에다 기록하신 후에 관대하게도 자신의 결심을 바꾸셨다. 신께서는 숫자를 바꾸어 이 도시를 단지 11년 만에 다시 돌보도록 하셨다."

이 일화의 의미는 다음과 같은 수 표기법을 알아야 이해됩니다. 처음에 운명의 대장에 기록된 70년이란 수는 다음과 같은 수를 의미합니다.

$$1 : 10 \qquad [1 : 10] = 1 \times 60 + 10$$

그 후 마음을 바꾼 신이 숫자의 위치를 다음과 같이 바꾸었다고 합니다.

$$10 : 1 \qquad [10 : 1] = 10 + 1$$

그리하여 바빌로니아는 단지 11년 동안만 버림받고 그 기간이 지나면 재건되기로 결정한 것입니다.

피타고라스 정리를 알고 있었던 바빌로니아인

기원전 1900년에서 1600년 사이의 것으로 추정되는 바빌로니아의 점토판 중에는 프림프톤 322라는 것이 있습니다. 이 명칭은 미국 컬럼비아 대학 프림프톤 소장품의 목록 번호가 322라는 데서 붙여진 것입니다.

1945년 노이게바우어(Neugebauer)와 사크스(Sachs)가 이 점토판을 해독했는데, 이 해독으로 피타고라스가 태어나기 1000년 전인 바빌로니아 시대의 사람들이 이미 피타고라스 정리를 알고 있었다는 사실이 입증되었습니다.

“직각삼각형에서 직각을 낀 두 변의 길이의 제곱의 합은 빗변의 길이의 제곱과 같다.”

다음은 이 점토판의 숫자들을 부분적으로 옮겨 적은 것입니다.

1;59	2;49	1	2;0
56;7	1;20;25	2	57;36
1;16;41	1;50;49	3	1;20;0
3;31;49	5;9;1	4	3;45;0
1;5	1;37	5	1;12
5;19	8;1	6	6;0

세 번째 수는 번호를 의미하지만 첫 번째, 두 번째, 그리고 네 번째 줄에 있는 수들은 각각 직각삼각형의 밑변, 빗변, 높이의 길이를 의미합니다. 예를 들어 다음과 같습니다.

$$(1\,;59)^2 + (2\,;0)^2 = (2\,;49)^2$$

이것은 바빌로니아인들이 사용했던 육십진법의 표기이므로 십진법의 표기로 고쳐 보면 다음과 같이 됩니다.

$$(119)^2 + (120)^2 = (169)^2$$

이와 같이 직각삼각형의 세 변의 길이가 될 수 있는 수들을 '피타고라스 3원소'라고 하는데, 위의 숫자들을 십진법의 표기로 바꾸어 계산해 보면 모두 피타고라스의 3원소가 됨을 알 수 있습니다.

바빌로니아의 또 다른 점토판에는 다음과 같은 문제가 있습니다. 답을 구해 보세요.

길이가 0;30인 대들보를 벽에 곧게 세워 두었는데, 대들보가 벽에서 0;6만큼 아래로 미끄러져 내려왔다. 대들보의 아래쪽 끝은 벽에서 얼마만큼 떨어져 있겠는가?

풀이

바닥과 벽, 그리고 미끄러져 내려온 대들보에 의해 만들어진 직각삼각형을 이용하자.
두 변의 길이를 알고 있으므로
나머지 한 변의 길이를 x라 하면,
$$30^2 = 24^2 + x^2$$
이고, 이 방정식을 풀면
$$x = 18$$
이다. 따라서 대들보의 끝은 벽에서 0;18만큼 떨어져 있다.

하늘에서 발견하는 수학

바빌로니아인들은 천문학 분야에서도 그들의 수학적 능력을 발휘했습니다.

바빌로니아의 천문학자들은 태양, 달, 행성의 위치가 일정한 주기에 따라 달라진다는 사실을 발견하고 관측한 자료들을 바탕으로 천체의 운동을 예측했습니다. 그들은 예측 결과를 수표로 나타냈는데, 특히 행성들이 일직선상에 놓이는 것과 같은 중요한 특성들을 예측하기 위해서는 식을 만들기도 했습니다.

이러한 식은 우리가 학교 수학에서 중요하게 다루고 있는 함수의 기원이라고도 할 수 있습니다.

기원전 3000년경에 만든 이 지역의 표석에는 별자리가 기록되어 있습니다.

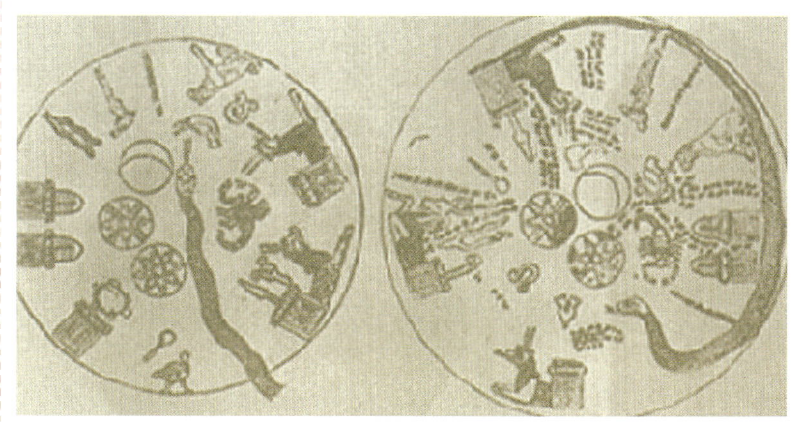

처음으로 바빌로니아 사람들이 만든 별자리 지도

　이 표석에는 태양과 행성이 지나가는 길목인 황도(黃道)를 따라 양, 황소, 쌍둥이, 게, 사자, 처녀, 천칭, 전갈, 궁수, 염소, 물병, 물고기자리 등의 열 두 개의 별자리, 즉 황도 12궁을 포함한 20여 개의 별자리가 나타나 있습니다. 점성술에서 사용하는 별자리는 여기서 유래된 것입니다.

　별자리를 관측했던 바빌로니아의 신관들은 그들이 관측할 수 있는 몇 개의 행성들 속에 신들이 자신의 비밀을 어려운 공식으로 집어넣어 놓았다고 믿었습니다. 그래서 그 속에 감추어진 의미, 즉 우주의 질서를 지배하는 법칙을 밝혀내면 신의 비밀과 앞으로 다가올 미래의 일까지도 예언할 수 있을 것이라고 생각했습니다.

3000년 동안 변하지 않은 중국의 기수법

한자 문화권에 속하는 우리들에게 중국의 기수법은 낯선 것이 아닙니다. 그런데 이 기수법은 지금으로부터 약 3400년 전에 만들어진 것으로 오늘날에도 사용되고 있습니다. 이 기수법은 13개의 기본 기호를 이용하는데, '숫자'라기보다는 중국에서 사용되는 '글자'입니다.

최초의 중국의 숫자는 기원전 14세기경 은나라 시대의 점괘나 거북이의 껍데기에 새겨진 다음과 같은 눈금입니다.

1부터 4까지는 그 수만큼 막대를 사용하여 가로쓰기로 나타내고 5가 되면 새로운 기호를 사용했습니다. 그러나 그 이상이 되면 숫자의 모양이 크게 달라집니다. 특히 4, 6, 8은 시간이 지남에 따라 다음과 같이 변했습니다.

이러한 눈금들은 십진법에 기초한 두 가지의 기호로 발달되는데
그 하나는 우리에게 친근한 한자입니다. 모두 13개의 기호로 모든 숫자
를 표기할 수 있는 이 방법은 매우 편리한 것으로 동일 기호의 지루한
반복을 피할 뿐만 아니라 기억하기에도 매우 쉽노록 고안뇌었습니다.
그러나 이들에게는 0이라는 숫자가 없었기 때문에 정수 전체를 나타낼
수는 없었고 덧셈이나 뺄셈 등의 사칙연산에는 실용적으로 쓰일 수 없
었습니다.

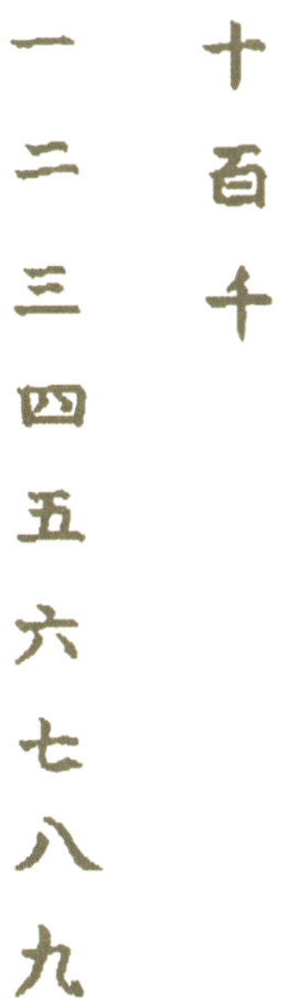

또 다른 기호는 주로 계산하기 편리하도록 고안된 막대 숫자들입니다. 초기에는 숫자를 만들기 위하여 막대나 대나무를 사용하다가 후에 이들을 고정시키는 셈판이 발명되었습니다. 세로 막대와 가로 막대를 조합하여 만든 1부터 9까지의 9개의 기본 단위들은 아래 그림과 같습니다.

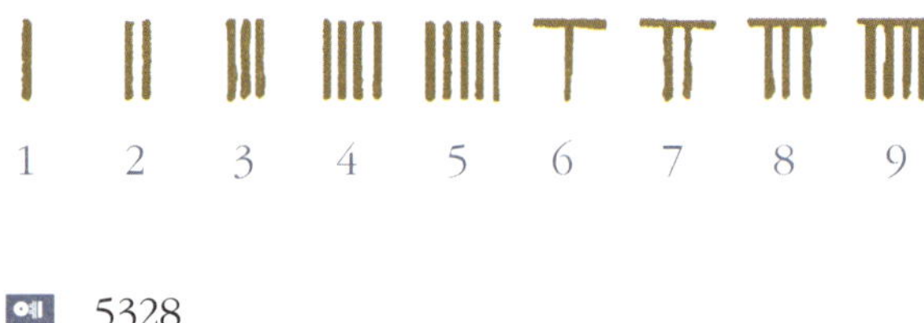

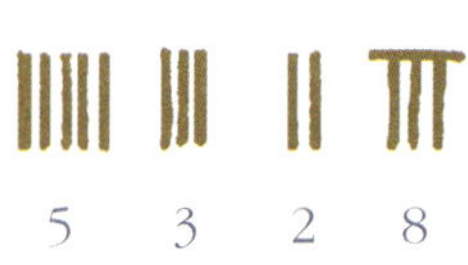

하지만 이 기수법은 세로선을 계속하여 옆으로 나열하기 때문에 아래의 예처럼 혼란을 일으키는 단점이 있습니다.

이러한 문제를 해결하기 위해 중국인은 아래 그림과 같은 두 번째 표기법을 고안하였습니다.

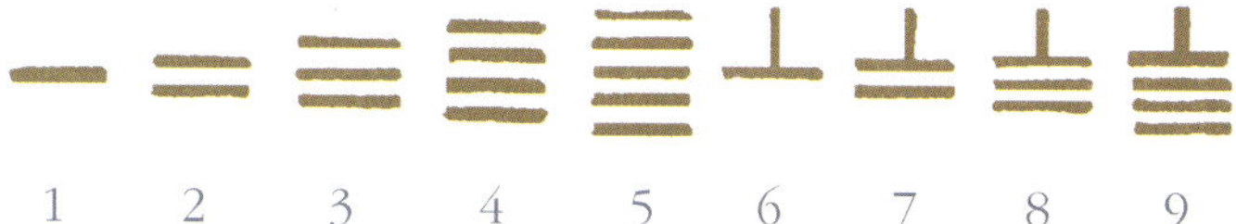

이 두 가지 표기법을 동시에 사용하여, 홀수 자릿수(1, 100, 10000…)는 첫 번째 방식의 세로 숫자로, 짝수 번째 자릿수(10, 1000, 100000…)는 가로 숫자로 표기하였습니다.

처음에는 0을 나타내는 기호가 없어 혼동할 염려가 있었으나 셈판이 등장하여 빈칸으로 처리하는 방법을 사용하였습니다. 셈판의 내부는 작은 정사각형으로 구분되어있는데, 각각의 사각형은 특정한 단위의 자릿수를 나타냅니다.

중국인이 0을 나타내는 기호를 사용하기 시작한 때는 8세기경으로 인도의 수학자와 천문학자들의 영향을 받은 시점이었습니다. 그들은 이 기호를 자릿수 0을 의미하거나 소수점의 위치를 표시하는 데 사용하였습니다. 아래의 기호는 0.0357을 나타내는 수인데, 처음의 0은 소수점을 의미합니다.

이와 같이 중국인의 기수법은 다른 문명과는 독자적으로 발전하였고, 처음부터 오늘날과 같은 십진법을 채택한 높은 수준의 수 체계를 갖고 있었습니다.

노인의 나이의 수수께끼

8세기경 중국인이 0을 도입하기 전까지는 많은 혼동이 있었습니다. 다음에 소개하는 1세기 초의 수수께끼는 0이란 기호가 없었기 때문에 빚어진 일화 중 하나입니다.

"글자 해(亥)는 머리에 2, 몸통에 6을 갖고 있다. 2를 몸 쪽으로 내리면 키앙히엔 노인의 나이를 알게 될 것이다."

이 수수께끼에 나오는 글자 해(亥)는 그 당시 고대 중국의 표기로 과 같은 형태였습니다. 그러므로 '머리에 2'는 을, '몸통에 6'은 의 기호를 가리킵니다. 2를 몸통에 내리면 다음과 같은 형태가 됩니다.

머리　　　몸통

이는 다시 다음과 같은 숫자로 표기할 수 있습니다.

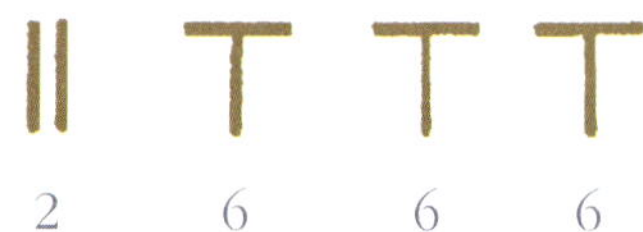

이 수는 $2\times10^3+6\times10^2+6\times10+6=2666$이 되어, 수수께끼의 답은 2666입니다. 그런데 이 수는 무엇을 의미할까요? 문맥상 '2666'은 나이를 가리키는 숫자이므로 2666년도 아니고 2666일, 즉 7년 6개월도 아닐 것입니다. 중국인의 기수법에서 '0'을 나타내는 기호가 없다는 것이 이 수수께끼의 함정입니다. 결국 위의 기호는 26660일을 말하는 것으로 키앙히엔 노인은 26660일, 약 73년을 살았던 것입니다.

아라비아 숫자

'1234'

숫자를 사용하지 않고 이 수를 '천이백삼십사'와 같이
한글로만 표현해야 한다면 덧셈, 뺄셈, 곱셈, 나눗셈과
같은 계산이 매우 어려울 것입니다.

이처럼 계산을 할 때의 불편함을 없애 준 아라비아 숫자는 원래
1400~1500년 전 인도에서 발명되었습니다. 인도에서 발명된 숫자는
곧 아라비아로 전해졌고, 당시 아라비아의 상인들은 유럽의 여러 나라
를 다니며 인도 숫자를 사용하고 전파했습니다. 사람들은 자신에게 직
접 전해 준 지역을 기억하기 때문에 이 인도의 숫자가 아라비아 숫자라
고 불리게 되었습니다.

유럽의 상인들은 그 편리성 때문에 아라비아 숫자를 계산이나 검
산에 사용하기 시작했지만 당시 사용했던 로마 숫자보다 쉽게 위조될
수 있다는 이유로 한때 사용이 제한되기도 했습니다. 오늘날에도 비슷

한 이유로 은행에서는 예금 청구서에 아라비아 숫자와 한글 또는 한문
을 병행해 쓰도록 하고 있습니다.

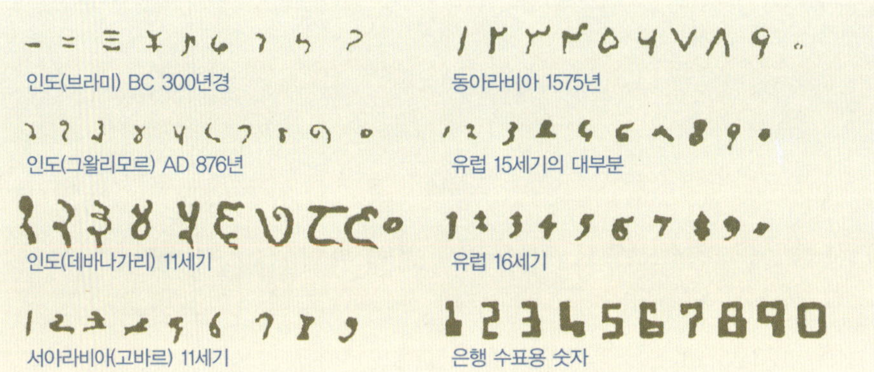

[출처] http://bald.nalove.cc/math/history/arab_num.htm

위조가 쉽다는 단점이 있지만 아라비아 숫자는 오늘날 전 세계에
서 사용되며 매우 큰 장점을 갖고 있습니다. 우선 '57'이라고 적으면 이
집트의 숫자처럼 10을 나타내는 숫자를 5번, 1을 나타내는 숫자를 7번
적지 않아도 10의 자리와 일의 자리에 각각 5와 7이 있기 때문에 나타
내고자 하는 수가 50과 7의 합이라는 것을 쉽게 알 수 있습니다. 아라비
아 숫자를 더욱 편리하게 만든 것은 바로 '0'입니다. 만약 0이 없었더라
면 '57'이 '507'을 나타내는지 '570'을 나타내는지 구별하기 어려웠을
것입니다.

이처럼 1, 2, 3, …, 0의 단지 10개의 숫자와 위치 기수법이란 수 체
계의 힘이 더해져 우리는 수많은 수들을 표현하고 계산할 수 있게 되었
습니다.

0의 발견

앞에서 살펴보았듯이 '0'은 인도의 발명품입니다. 처음에 인도에서는 지금의 0대신 불교에서 사용하는 공(空)이란 말을 사용했고, 그러다 300~400년부터는 점(·)으로 0을 대신했습니다.

현재 우리가 사용하고 있는 것과 같은 0은 876년 인도에서 씌어진 기록에서 처음 발견되었다고 합니다.

사실 인도뿐만 아니라 다른 문명에서도 0을 찾아볼 수 있습니다. 바빌로니아의 기원전 200년경의 기록에는 숫자가 빠진 곳을 메우기 위해 0의 기호를 사용한 흔적이 남아 있지만 계산을 할 때에는 0을 사용하지 않았습니다. 바빌로니아 이외에도 마야와 중국에서 0이 사용된 기록이 남아 있지만 그들에게 0은 바빌로니아인들과 마찬가지로 단지 빈자리를 채우기 위한 도구였습니다. 이는 오늘날 0의 역할 중의 하나이기도 합니다. 예를 들어 23과 203에서처럼 0은 비어 있는 자리를 나타냄으로써 두 수가 서로 다르다는 것을 알려 줍니다.

　　그렇다면 오늘날의 0은 빈 자리를 채우는 역할 이외의 어떤 일을 하고 있을까요?

[출처] http://www.ngotimes.net/Default.aspx

마야의 0 기호(왼쪽)와 바빌로니아의 0 기호(오른쪽)

　　바로 '무(無)'를 나타내는 역할입니다. 이것은 0을 '아무것도 없음'을 나타내는 '수'로 인정한 것입니다. 고대 문명에서의 0은 단지 기호에 불과했습니다. 0을 수로 인정한다는 것은 '없는 것'을 실재하는 것처럼 표시한다는 것을 의미하기 때문에 옛날 수학자들은 이를 쉽게 받아들이려 하지 않았습니다. 특히 아리스토텔레스는 무(無)의 상태를 만드는 것은 신에게 맞서는 일이라고 생각했습니다. 또한 그는 나눗셈을 할 때 어떤 수를 0으로 나누면 당시로서는 도저히 이해할 수 없는 결과가 나왔기 때문에 0을 '규칙에서 벗어난 수'라고 말했습니다. 참고로 0으로 나누는 이 난제는 6세기가 되어서야 비로소 해결되었습니다. 인도의 수학자들은 이 문제를 '무한대'라는 개념과 연결시켰고, 결국 인도의 위대한 수학자인 브라마굽타(Brahmagupta, 598~670)는 '어떤 수를 0으로 나눈 몫'을 무한대의 수학적 정의로 사용하였습니다.

　　이처럼 0은 기호가 아닌 수이며, 하나의 기호를 수로 인정하기까지는 많은 시간이 걸렸지만 그 사이 수학의 영역은 '무한'까지 확장될 수 있었습니다.

컴퓨터와 이진법

이집트인들은 곱셈을 할 때 곱하려는 수에 연속적으로 2를 곱하고 그 값들을 이용하여 특정한 곱을 계산했습니다. 이러한 독특한 방법은 이진법으로 움직이는 기계인 컴퓨터가 곱셈을 하는 방법과 비슷합니다.

이진법이란 단지 0과 1, 두 개의 숫자만을 사용하는 수 체계를 말합니다. 우리가 사용하는 십진법에서는 10부터 두 자리 숫자이지만 이진법에서는 2만 넘어도 벌써 두 자리 숫자가 됩니다. 그러므로 이진법에서 수의 길이는 십진법보다 훨씬 깁니다. 그렇다면 곱셈도 매우 복잡하겠죠? 이렇게 긴 수들의 곱을 컴퓨터는 어마어마한 속도로 계산해 냅니다. 엄청난 속도의 비밀은 그 길이 때문에 오히려 곱을 어렵게 만들지는 않을까 걱정했던, 바로 이진법입니다. 다음의 표를 보세요.

십진법 수	이진법 수	×2	십진법 수	이진법 수
1	1		2	10
3	11		6	110
5	101		10	1010
10	1010		20	10100
13	1101		26	11010
:	:		:	:

이진법 수를 두 배하기 위해 해야 할 일은 그 수를 왼쪽으로 한 자리씩 옮기는 것뿐입니다. 이것은 우리가 사용하는 십진법 체계에서 10을 곱할 때 왼쪽으로 한 자리씩 옮기고 마지막에 0을 덧붙이는 것과 비슷해 보이나, 10을 더하고 곱하는 방법만을 알고 있다고 해서 어떤 수를 곱할 수는 없습니다. 하지만 컴퓨터는 이진법을 사용하기 때문에 어떤 수를 두 배하는 것이 쉽고 결과적으로 곱도 매우 빠르게 계산할 수 있는 것입니다. 다시 말하자면 컴퓨터가 곱셈을 할 때 이집트인들처럼 연속적으로 2를 곱하는 독특한 방법을 사용하는 이유는 왼쪽으로 자리를 옮기는 과정이 전자적으로도 적은 비용이 들 뿐 아니라 그 속도 또한 매우 빠르기 때문입니다.

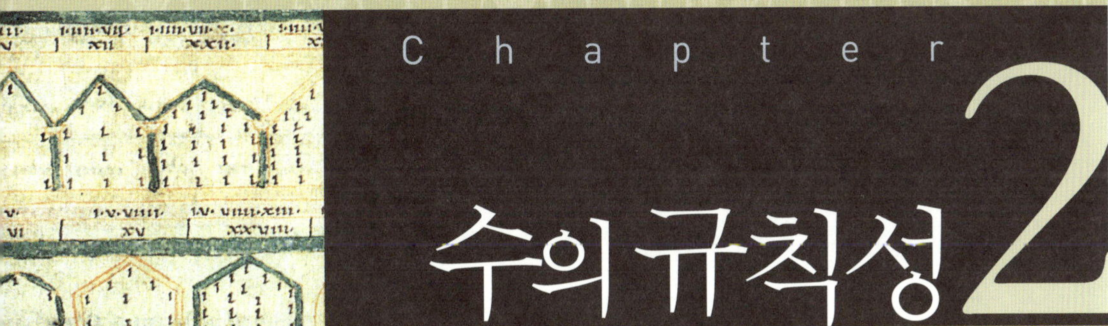

수의 규칙성 2

수학자들은 도형을 통해 수의 규칙성을 찾아 가는 과정에서 도형수를 발견할 수 있었습니다. 이 도형수는 고대 그리스의 피타고라스가 발견한 것이지만 그렇다고 해서 그저 먼 옛날 이야기만은 아닙니다. 현재 우리의 생활 주변에서도 도형수를 발견할 수가 있습니다.

도형이 말하는 수

'수학'은 수와 도형을 다루는 학문입니다. 수와 도형은 서로 전혀 별개인 것처럼 보이지만 수를 도형처럼 생각할 수도 있습니다. 수와 도형을 서로 관련지어 연구했던 사람들이 바로 피타고라스학파입니다. 그들은 자연수에 관심을 갖고 수의 여러 가지 성질을 체계적으로 연구했는데, 그러한 연구 중의 하나가 '도형수'입니다.

그들은 아래 그림과 같이 특정한 도형을 이루도록 점을 배열하고, 각각의 배열에서 사용된 점의 개수를 관찰하여 일정한 규칙을 찾아냈습니다. 즉 1, 3, 6, 10…과 같이 정삼각형으로 배열할 수 있는 수들을 삼각수(triangular number)라 하고 1, 4, 9, 16…과 같이 정사각형으로 배열할 수 있는 수들을 사각수(square number)라고 불렀습니다.

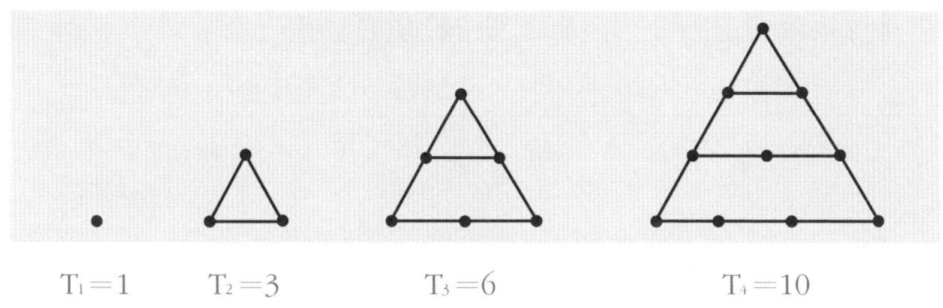

T₁=1　　　T₂=3　　　T₃=6　　　T₄=10

n번째의 삼각수를 T_n으로 표기한다.

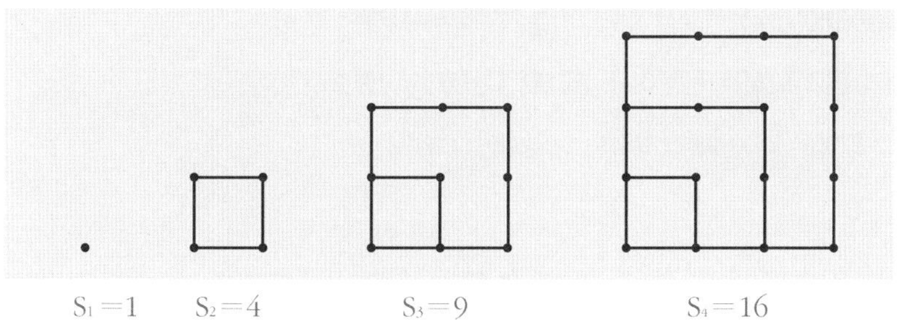

S₁=1　　S₂=4　　　S₃=9　　　S₄=16

n번째의 사각수를 S_n으로 표기한다.

같은 방식으로 오각수를 생각할 수 있을까요? 그렇습니다. 정오각형으로 배열할 수 있는 수들을 오각수(pentagon numbers)라고 합니다. 처음 4개의 오각수는 무엇일까요? 위의 그림을 참조해서 오각수를 만들어 보세요.

그들은 이처럼 도형을 통해 수의 규칙성을 찾아 가는 과정에서 도형수를 발견할 수 있었습니다. 이 도형수는 고대 그리스의 피타고라스가 발견한 것이지만 그렇다고 해서 그저 먼 옛날 이야기만은 아닙니다.

현재 우리의 생활 주변에서도 도형수를 발견할 수가 있습니다. 아래 그림을 보고 여러분도 한번 볼링장에서 피타고라스가 되어 보세요.

볼링장에서 볼링핀들이 나란히 서 있는 모습 기억하시나요?

'볼링은 10개의 핀으로 하는 운동이구내'라고 무심코 지나쳤겠지만,

그 볼링핀들의 배열은 네 번째 삼각수의 배열이랍니다.

아름다운 도형수의 성질

도형수들은 흥미로운 성질을 갖고 있습니다. 늘어나는 점의 개수를 관찰하다 보면 그 특징을 쉽게 발견할 수 있습니다.

우선 삼각수들을 살펴볼까요?

두 번째 삼각수는 첫 번째 삼각수보다 얼마나 큰가요? 또 세 번째 삼각수는 어떤가요? 네 번째 삼각수, 다섯 번째 삼각수도 관찰해 보세요.

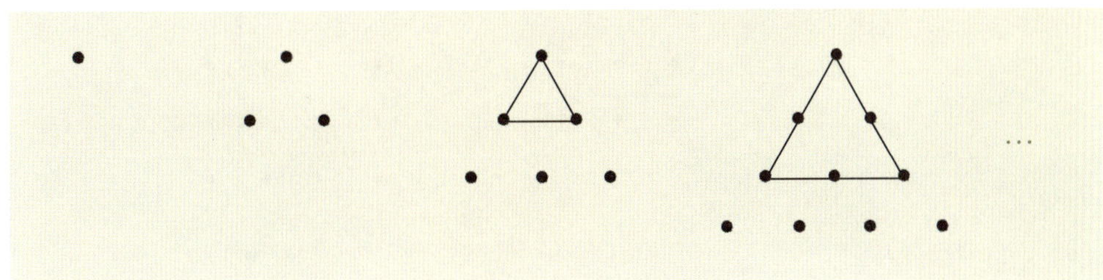

첫 번째 삼각수를 T_1, 두 번째 삼각수를 T_2 ......, n번째 삼각수를 T_n

이라고 하겠습니다. 각각의 삼각수를 늘어나는 점의 개수를 관찰하여
덧셈으로 나타내 보면 다음과 같습니다.

$$T_1 = 1$$
$$T_2 = (1) + 2$$
$$T_3 = (1 + 2) + 3$$
$$T_4 = (1 + 2 + 3) + 4$$
$$\vdots$$
$$T_n = \{1 + 2 + 3 + \cdots + (n - 1)\} + n$$

덧셈으로 표현한 것에서 알 수 있듯이 n번째 삼각수는 자연수 1부
터 n까지의 합입니다.

자, 이제는 사각수에 대해 알아보겠습니다. 삼각수와 마찬가지로
늘어나는 점의 개수를 유심히 살펴보세요.

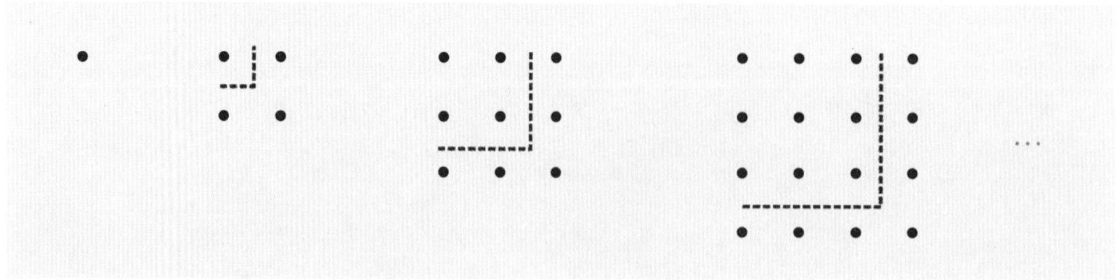

첫 번째 사각수를 S_1, 두 번째 사각수를 S_2 ……, n번째 사각수를 S_n
이라 하고 각각을 덧셈으로 나타내 보겠습니다.

$S_1 = 1$

$S_2 = (1) + 3$

$S_3 = (1 + 3) + 5$

$S_4 = (1 + 3 + 5) + 7$

$$\vdots$$

$S_n = \{1 + 3 + 5 + \cdots + (2n - 3)\} + (2n - 1)$

n번째 사각수는 1부터 n번째 홀수들까지의 합입니다.

또한 각각의 합을 계산해 보면 사각수는 홀수들의 합을 나타낼 뿐
만 아니라 어떤 수의 제곱, 즉 어떤 수를 두 번 곱한 값을 나타내기도 한
다는 것을 알 수 있습니다.

$S_1 = 1$

$S_2 = (1) + 3 = 4 = 2^2$

$S_3 = (1 + 3) + 5 = 9 = 3^2$

$S_4 = (1 + 3 + 5) + 7 = 16 = 4^2$

$$\vdots$$

오각수에서도 늘어나는 점의 개수들을 잘 관찰해서 규칙을 찾아보세요.

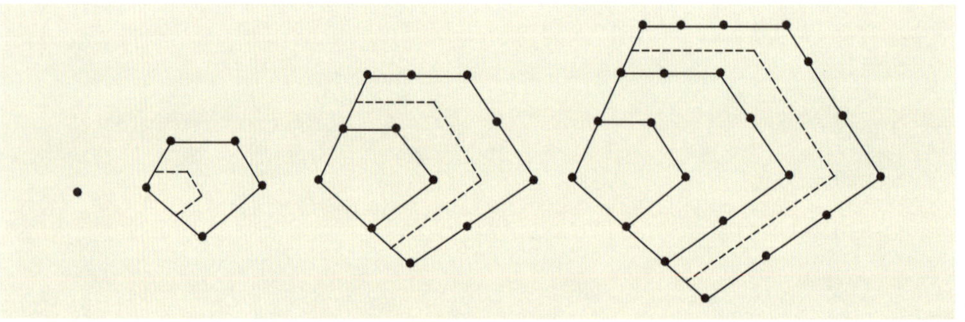

다음은 삼각수와 사각수를 순서대로 늘어놓은 것입니다.

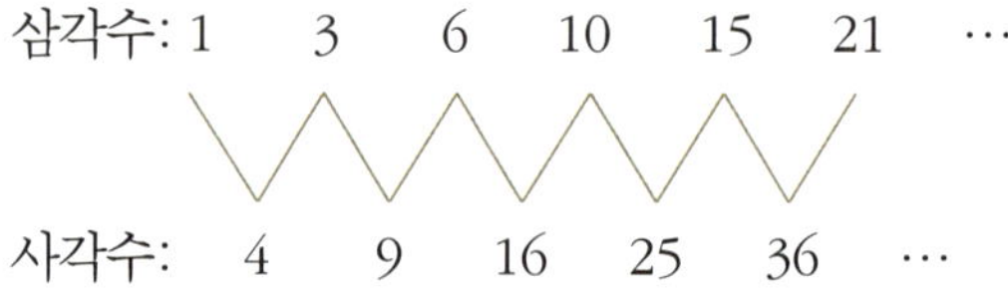

위에 나타난 삼각수와 사각수와의 관계는 그림으로도 확인할 수 있습니다.

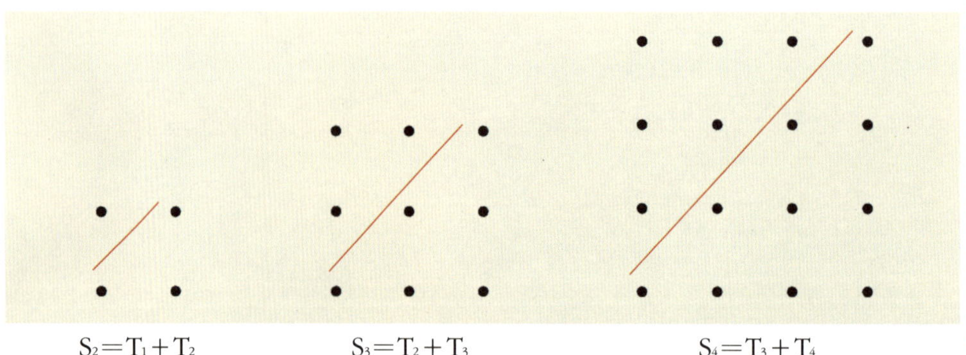

위의 그림에서 보는 것처럼 사각수를 나타내는 그림에 대각선을 그어 점들을 두 부분으로 나누면 두 개의 삼각수를 나타내는 그림이 됩니다. 즉 첫 번째 삼각수와 두 번째 삼각수의 합은 두 번째 사각수가, 두 번째 삼각수와 세 번째 삼각수의 합은 세 번째 사각수가 됩니다.

오각수를 나타내는 그림에도 적당히 대각선을 그려 넣으면 오각수에 삼각수가 나타나거나 또는 오각수에 삼각수와 사각수가 함께 나타나는 것을 볼 수 있습니다.

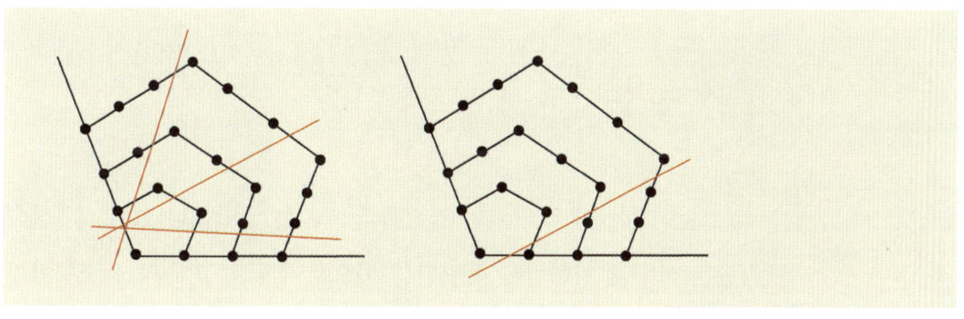

유럽의 산수 교과서

앞에서 살펴본 피타고라스 학파가 연구한 도형수의 성질들은 1세기경의 수학자 니코마코스(Nikomakhos)가 쓴 『산술 입문』에 등장합니다.

그는 수학사에서 뛰어난 업적을 남기지는 않았으나 그의 책 『산술 입문』은 산수를 기하학과 독립된 과목으로 취급한 최초의 산술책이라는 점에서 유명합니다. 독창성과 내용 면에서는 다소 부족한 부분도 있었지만 서양에서는 이 책이 1500년대까지 교과서로 활용되었습니다. 그 당시에 계산을 잘하는 사람에게 "당신은 게레사의 니코마코스같이 계산을 하는군요."라는 찬사의 말이 유행할 정도로 니코마코스는 유명한 사람이었습니다. 니코마코스는 도형수뿐만 아니라 여러 가지 수의 성질들을 책에 설명해 놓았는데, 다음은 그중 하나입니다.

$$1^3 = 1$$
$$2^3 = 3 + 5$$

$$3^3 = 7 + 9 + 11$$
$$4^3 = 13 + 15 + 17 + 19$$
$$\cdots$$

즉, 세제곱수는 연속된 홀수들의 합으로 나타낼 수 있는데, 각각의 세제곱들을 모두 더하면 아래와 같이 표현됩니다.

$$1^3 + 2^3 + 3^3 + 4^3 + \cdots$$
$$= 1 + (3+5) + (7+9+11) + (13+15+17+19) + \cdots$$

피라미드수

앞에서 살펴본 도형수들은 어떤 도형을 이용하였죠?

정삼각형, 정사각형, 정오각형 등 평면 도형이었습니다. 그렇다면 공간 도형은 이용할 수 없을까요? 수학적으로 생각한다는 것은 어떤 주어진 대상을 그대로 생각하는 것이 아니라 이렇게 다른 차원으로, 또한 다른 대상으로 스스로 만들어 가면서 계속 확장하는 것을 말하기도 합니다.

어쨌든 고대 그리스의 수학자들의 호기심은 평면 도형의 도형수에만 머물러 있지는 않았습니다. 그들은 공간적으로 배치한 도형수도 생각했죠. 그중 하나가 피라미드수입니다. 다음 그림에서 피라미드수의 규칙을 발견할 수 있나요? 피라미드수가 삼각수와 관련이 있다는 것을 알 수 있나요?

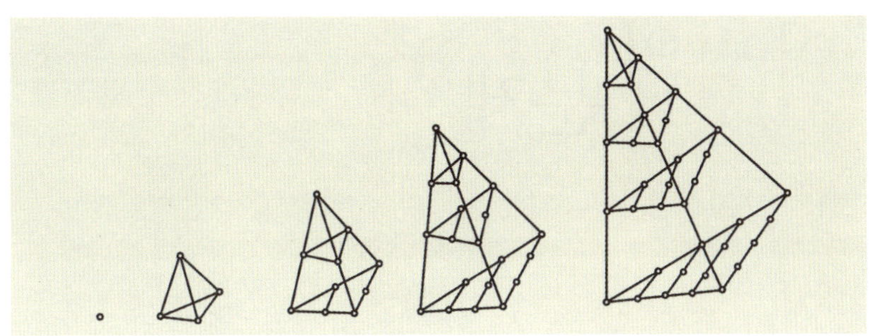

　　피라미드수는 피타고라스만 알고 있었던 것은 아닙니다. 자랑스럽게도 우리의 선조가 남긴 기록에도 이 수가 등장하고 있거든요. 조선시대 수학자 황윤석(1729~1791)이 쓴 수학책에 바로 이 피라미드수가 등장합니다. 물론 피라미드수란 명칭을 사용하지는 않았습니다. 그러나 과자 쌓기 문제로 제시된 이 문제의 해법에서는 분명 피라미드수가 발견됩니다. 그의 책에는 과자를 1층으로 쌓기 위해 필요한 과자는 1개, 2층으로 쌓기 위해 필요한 과자는 4개, 3층으로 쌓기 위해 필요한 과자는 10개, 4층으로 쌓기 위해 필요한 과자는 20개, 5층으로 쌓기 위해 필요한 과자는 35개임이 설명되어 있습니다.

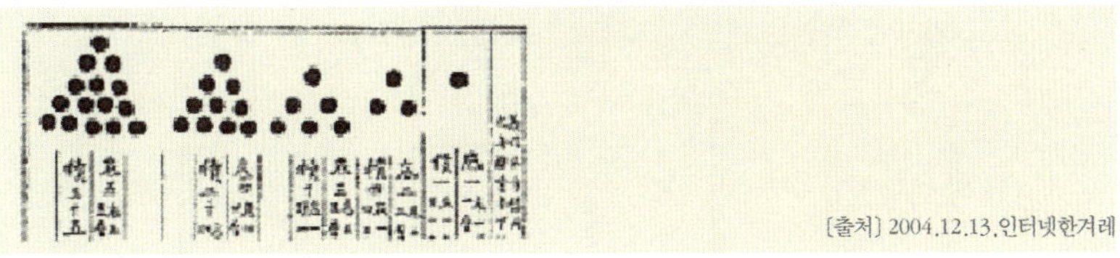

[출처] 2004.12.13. 인터넷한겨레

하노이 탑의 문제

동판에 막대가 세 개 있고, 크기가 다른 2개의 원판이 한 막대에 꽂혀 있습니다.

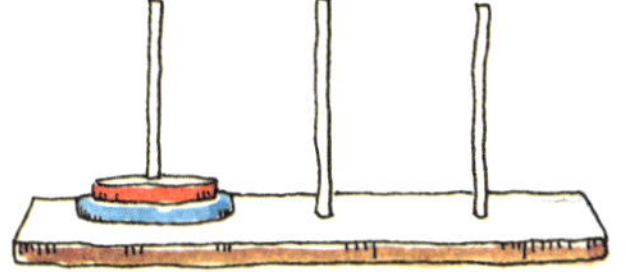

다음과 같은 규칙에 따라 원판을 다른 막대로 모두 옮기려면 최소한 몇 번을 이동해야 할까요?

규칙1   한 번에 1개의 원판만을 옮긴다.
규칙2   크기가 큰 원판은 반드시 크기가 작은 원판 아래쪽에 있어야 한다.

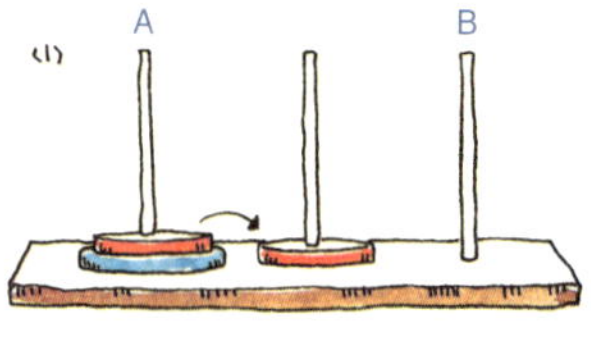

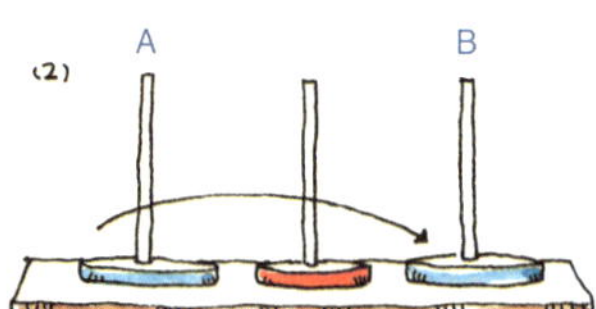

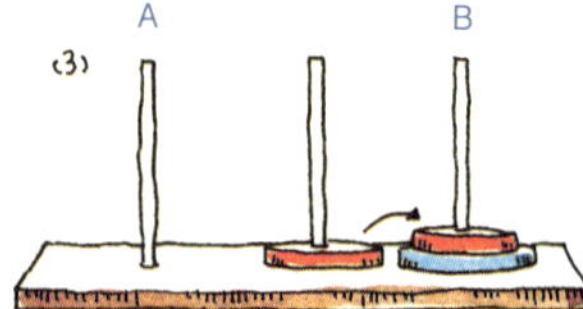

그림에서 보는 것처럼 원판이 2개일 경우에는 필요한 원판의 최소 이동 횟수는 세 번입니다.

원판의 개수가 3개라면 그것을 모두 옮기기 위해서는 최소 몇 번을 이동해야 할까요? 위의 그림처럼 직접 막대와 원판을 그려 가며 최소 이동 횟수를 구해 보세요.

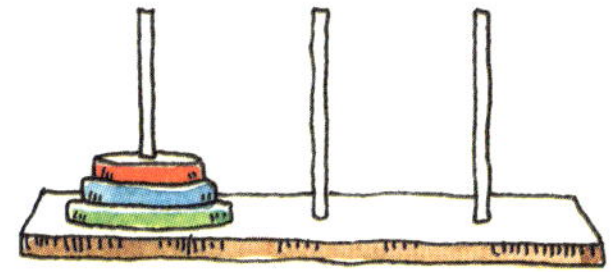

어떤 답이 나왔나요? 3개의 원판을 모두 옮기려면 최소 일곱 번을 이동해야 합니다.

원판의 개수와 최소 이동 횟수 사이에는 어떤 관계가 있을까요? 원판의 개수가 2개, 3개인 경우만 해보았으니 아직 모르는 것은 당연합니다. 원판의 개수를 4개, 5개, 6개 등으로 하나씩 늘려 가면서 실험해 보세요. 그리고 실험을 통해 얻은 결과로 아래의 표를 채워 보고 원판의 개수와 최소 이동 횟수 사이에 어떤 관계가 있는지 생각해 보세요.

원판의 개수	최소 이동 횟수
1	1
2	3
3	7
4	
5	
6	
7	
⋮	

원판의 개수가 늘어날수록 최소 이동 횟수는 급격하게 증가하기 때문에 원판의 개수가 5개만 되어도 이동하는 것이 복잡하고 어렵게 느껴질 수도 있습니다. 하지만 5개까지만 해보면 개수와 이동 횟수 사이에 어떤 규칙이 있음을 알게 될 것입니다. 여러분은 어떤 규칙을 발견했나요? 원판의 개수가 n개일 때 최소 이동 회수를 n으로 표현해 보세요.

원판의 개수	최소 이동 횟수
1	1
2	3
3	7
4	15
5	31
6	63
7	127
⋮	⋮

최소 이동 횟수를 잘 살펴보면 모두 홀수이고 2의 거듭제곱, 즉 2, 4, 8, 16…과 관련이 있음을 알 수 있습니다.
원판의 개수가 n개일 때의 최소 이동 횟수를 n으로 나타내면 다음과 같습니다.

$$2^n - 1$$

위의 문제는 하노이 탑 문제(Hanoi Tower Problem)라고 알려져 있습니다. 이 유명한 문제를 처음 고안해 낸 사람은 프랑스의 수학자 에드워드 루카스(Eduard Lucas)입니다. 다음은 루카스가 제시한 문제입니다.

위에서 발견한 규칙을 이용하면 64개의 원판을 옮기는 데에 최소 몇 번을 이동해야 하는지 알 수 있습니다. 바로 '$2^{64}-1$'번입니다. 이것을 계산하면 18446744073709551615인데, 이 값은 원판 1개를 옮기는 데에 1초가 걸린다고 가정하더라도 약 5849억 년이 걸림을 의미합니다. 전문학자들의 말에 의하면 우주의 나이는 약 200억 년이고 지구의 나이는 약 30억 년이라고 합니다. 하노이 탑의 전설이 사실이라면 세상이 연기처럼 사라질 때까지 남은 시간은 약 5000억 년입니다. 이미 우주의 운명이 끝난 다음이지요.

분수의 무한합 구하기

1, 2, 3, 4…

4 다음에는 어떤 숫자가 나타날까요? 누구에게 물어보든 같은 대답을 얻을 것입니다. 어떤 규칙에 의해 숫자들이 무한히 나열될 때 우리는 간단히 '…'을 사용하여 나타냅니다. 위의 예는 앞의 수보다 1만큼 큰 수들이 무한히 나열된다는 것을 의미합니다. 덧셈에서도 마찬가지입니다. 다음과 같은 덧셈은 일정한 규칙에 의해 나열된 수를 무한히 더함을 나타냅니다.

$$1+2+3+4+\cdots$$

이와 같이 무한히 더하는 것을 '무한합'이라고 합니다.
그렇다면 이 무한합을 계산할 수 있을까요?

'1+2+3+4+⋯'은 점점 큰 수를 더하기 때문에 그 결과를 예측하기가 힘듭니다. 하지만 더하는 수가 다음과 같은 분수라면 어떨까요?

$$\frac{1}{2} + \frac{1}{4} + \frac{1}{8} + \frac{1}{16} + \cdots$$

정사각형을 이용하면 분수들의 무한합을 쉽게 구할 수 있습니다. 넓이가 1인 정사각형을 이용하여 넓이의 $\frac{1}{2}$, $\frac{1}{4}$, $\frac{1}{8}$, $\frac{1}{16}$ ⋯ 에 해당하는 부분을 차례로 색칠해 보세요.

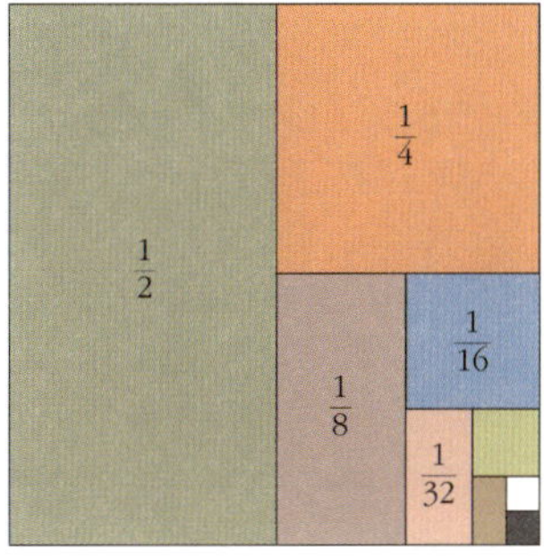

따라서 $\frac{1}{2} + \frac{1}{4} + \frac{1}{8} + \frac{1}{16} + \cdots = 1$임을 알 수 있습니다.

$$\frac{1}{3} + \frac{1}{9} + \frac{1}{27} + \frac{1}{81} + \cdots$$

넓이가 1인 정사각형을 이용하여 넓이의

$\dfrac{1}{3} \cdot \dfrac{1}{9} \cdot \dfrac{1}{27} \cdot \dfrac{1}{81}$ 에 해당하는 부분을 차례로 색칠하면

색칠된 부분의 넓이($\dfrac{1}{3} + \dfrac{1}{9} + \dfrac{1}{27} + \dfrac{1}{81} + \cdots$)와

색칠되지 않은 부분의 넓이($\dfrac{1}{3} + \dfrac{1}{9} + \dfrac{1}{27} + \dfrac{1}{81} + \cdots$)가

같음을 알 수 있다.

즉 넓이가 1인 정사각형 안에는 큰 정사각형 넓이의

$\dfrac{1}{3} \cdot \dfrac{1}{9} \cdot \dfrac{1}{27} \cdot \dfrac{1}{81} \cdots$ 에 해당하는 사각형들이

두 쌍씩 나타난다. 따라서 $\dfrac{1}{3} + \dfrac{1}{9} + \dfrac{1}{27} + \dfrac{1}{81} + \cdots = \dfrac{1}{2}$ 이다.

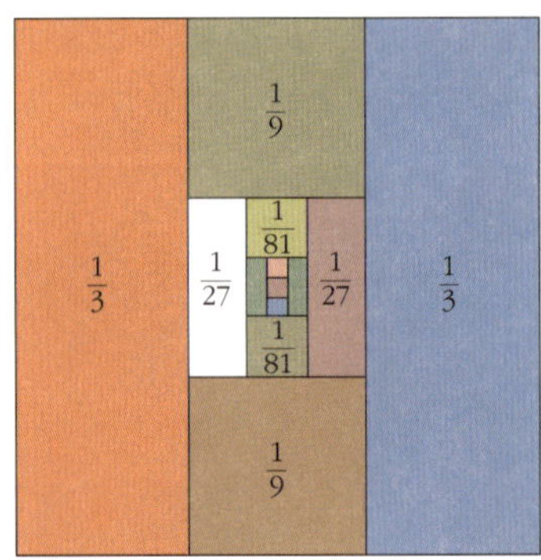

어떻게 마방진을 만들 수 있을까?

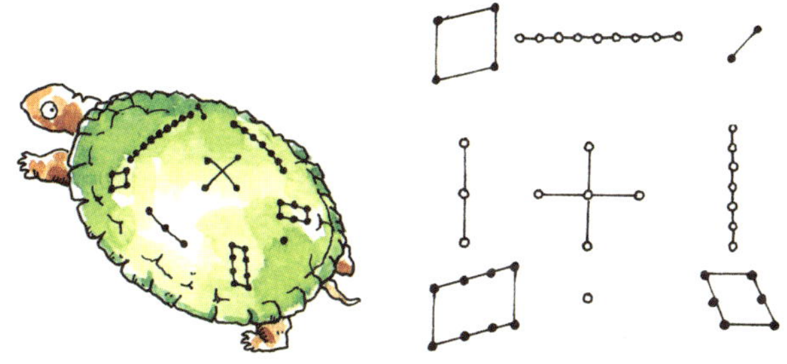

지금으로부터 약 4000년 전, 중국 하나라의 우왕시대
(BC 2205~2198) 때의 일입니다.

옛날 중국의 낙양 남쪽에는 황하의 지류인 낙수(落水)가 있었는데,
우왕은 홍수로 황하가 자주 넘치자 이것을 막기 위해 치수(治水) 공사
를 하고 있었습니다. 바로 그때 강 복판에서 등에 신기한 무늬가 새겨진
큰 거북이 한 마리가 나타났습니다. 사람들은 여러 가지로 궁리한 끝에
무늬의 점을 세어 수로 나타내었습니다. 다음은 그것을 표로 나타낸 것
입니다.

4	9	2
3	5	7
8	1	6

표에 적힌 숫자들은 1부터 9까지의 자연수이고, 중복되거나 빠진 수는 하나도 없습니다. 그런데 이 숫자들을 자세히 살펴보면 어떤 특징을 발견할 수 있습니다. 가로 줄 (4, 9, 2), (3, 5, 7), (8, 1, 6)의 수들의 합이 모두 15라는 것입니다. 세로 줄과, 심지어는 대각선도 마찬가지입니다. 옛날 사람들은 이 신비로운 무늬의 그림을 하늘이 거북이를 시켜 인간 세계에 보내 준 것이라고 믿게 되었습니다. 그래서 낙수에서 얻은 하늘의 글이라는 뜻으로 '낙서(洛書)'라고 불렀으며, 이것을 재앙을 막는 수라 생각하고 섬기기도 했습니다.

이 숫자 표는 네 구석, 곧 '방형(方形)으로 숫자가 진치고 있다'라는 의미의 '방진(方陣)' 또는 '마방진(魔方陣)'이라고 불립니다.

어떻게 하면 마방진을 만들 수 있을까요? 여러 가지 방법이 있는데, 여기에서는 간단한 방법 하나를 소개해 보겠습니다.

우선 3×3 표를 하나 그리고 다음 그림처럼 네 개의 칸을 더 그려 넣습니다.

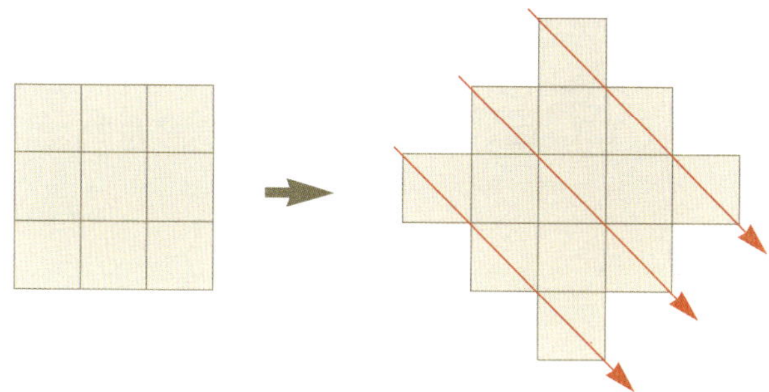

　맨 위에서부터 화살표의 방향을 따라가며 1부터 9까지의 자연수를 차례내로 적은 후, 파란색 칸에 적힌 수들을 그 건너편 빈 칸에 옮겨 적습니다. 이렇게 하면 마방진이 완성됩니다.

　이 방법을 이용하면 5×5, 7×7… 등의 더 많은 홀수 개의 칸을 갖는 마방진도 만들 수 있습니다. 여러분도 직접 만들어 보세요.

〈5×5 마방진〉

〈7×7 마방진〉

달력 속의 숨은 규칙

일주일은 7일입니다. 그래서 달력의 숫자들은 사람들이 보기 편하도록 한 줄에 7개씩 나열되어 있습니다. 이러한 나열 방법 때문에 우리는 달력에서 많은 규칙들을 찾아볼 수 있습니다.

위의 달력을 보고 여러분은 어떤 규칙을 발견할 수 있나요?

→ 방향으로 이동하면 숫자들은 1씩 커진다

↓ 방향으로 이동하면 숫자들은 7씩 커진다

↘ 방향으로 이동하면 숫자들은 8씩 커진다

↗ 방향으로 이동하면 숫자들은 6씩 커진다 …

이 외에도 다양한 규칙을 발견할 수 있을 것입니다. 위의 예들은 특정한 방향으로 이동할 때 발견되는 규칙입니다. 그렇다면 그림에 빨간색 선으로 표시된 것처럼 특징 부분만 따로 떼어서 보더라도 그 안에 규칙이 숨어 있을까요?

지금부터 선택된 아홉 개의 숫자를 이용해서 규칙을 찾아보겠습니다.

첫 번째 줄에 있는 세 개의 숫자 4, 5, 6 중에서 하나를 선택합니다. 그리고 두 번째 줄에서도 하나의 숫자를 선택합니다. 단 첫 번째 줄에서 선택한 숫자의 아래 칸에 있는 숫자는 선택할 수 없습니다. 즉 여기에서는 11과 12 중에서 선택해야 합니다. 마지막으로 세 번째 줄에서도 하나의 숫자를 선택해야 하는데, 19와 20은 각각 12, 6과 같은 세로줄에 놓여 있으므로 18을 선택해야 합니다.

선택된 세 숫자들의 합은 얼마인가요? 36입니다. 36은 정가운데에 있는 숫자 ‘12’의 배수입니다. 만약 여러분이 달력에서 3×3 모양으로 아홉 개의 숫자들을 선택하고, 위와 같은 방법으로 얻은 세 숫자들의 합을 구하면 항상 정가운데에 있는 숫자의 배수가 됩니다.

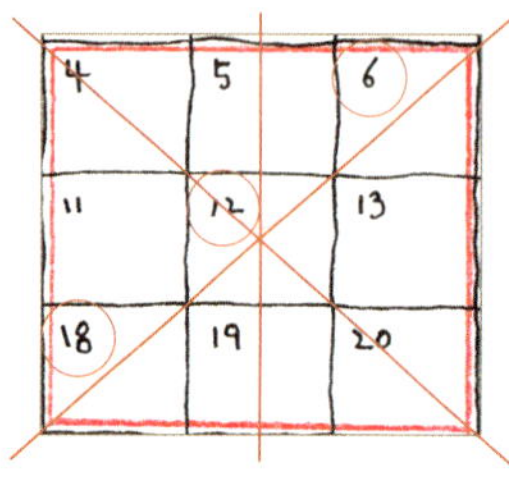

이 아홉 개의 숫자에는 또 다른 규칙이 있습니다. 정가운데에 있는 숫자를 지나도록 선을 그어 보세요. 그리고 선 위의 숫자들을 각각 더해 보세요. 아마 모두 36으로 같을 것입니다. 12를 포함하지 않는 줄에도 규칙은 숨어 있습니다. 12가 없는 두 개의 가로줄의 숫자들, 즉 4, 5, 6, 18, 19, 20을 모두 더하면 72입니다. 또한 12가 없는 두 개의 세로 줄의 숫자들을 모두 더해도 그 값은 72가 되는데, 이 값은 36의 두 배입니다.

달력에는 이것 말고도 수많은 규칙들이 숨겨져 있습니다. 위와 마찬가지로 4×4 모양으로 숫자들을 선택하든지, 또는 한 줄이나 두 줄의 숫자들을 선택하여 자신만의 규칙을 발견해 보세요.

〔내용참고〕『밥상에 오른 수학』(이광연, 두산동아)

파스칼의 삼각형

[출처] 한국 교육개발원 영재교육자료

위의 그림은 '파스칼의 삼각형'이라고 불리는 것으로, 자연수를 삼각형 모양으로 배열한 것입니다. 원래 이것은 중국인에 의해 만들어졌습니다. 하지만 프랑스의 수학자 파스칼(Pascal, 1623~1662)이 이에 대한 체계적인 이론을 만들고 흥미로운 성질들을 발견하였기 때문에 그의 이름을 붙여 '파스칼의 삼각형'이라 부르게 되었습니다.

이 파스칼의 삼각형은 만들 때에도 일정한 규칙이 있지만, 완성된 모양에서도 독특한 규칙들이 발견됩니다. 우선 만드는 방법을 함께 살펴볼까요?

파스칼의 삼각형에서 각 행의 맨 처음과 끝은 '1'입니다. 그리고 그 사이의 숫자들은 바로 위의 행의 좌·우에 있는 숫자들을 더하여 얻을 수 있습니다. 물론 삼각형 모양을 이루기 위해 맨 첫 행에는 하나의 숫자를 적고, 그 다음 행부터는 숫자의 개수를 하나씩 늘려 나갑니다.

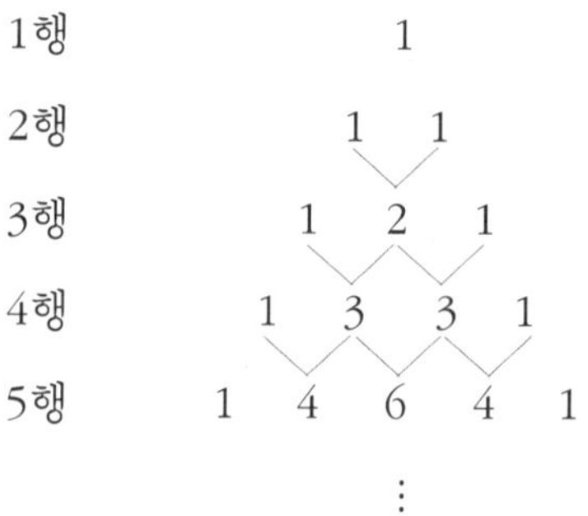

자, 이러한 방법으로 완성한 파스칼의 삼각형에는 어떤 규칙이 있을까요? 가장 쉬운 계산 방법인 덧셈으로 규칙을 찾아보겠습니다. 각각의 행에 대해 숫자들의 합을 구해 보세요.

1행	1	=1
2행	1+1	=2
3행	1+2+1	=4
4행	1+3+3+1	=8
5행	1+4+6+4+1	=16

각 행의 합은 바로 위의 행의 합에 2를 곱한 값이 된다는 사실을, 즉 합이 2배씩 커진다는 사실을 알 수 있습니다. 이번에는 각 행의 홀수 번째 숫자들끼리, 그리고 짝수 번째 숫자들끼리 더해 보겠습니다.

행	홀수 번째 숫자들의 합	짝수 번째 숫자들의 합
2행	1	1
3행	1+1=2	2
4행	1+3=4	3+1=4
5행	1+6+1=8	4+4=8
6행	1+10+5=16	5+10+1=16

$$\vdots$$

신기하게도 홀수 번째 숫자들끼리의 합과 짝수 번째 숫자들끼리의 합은 똑같습니다.

다음의 그림은 파스칼의 삼각형을 직각삼각형 모양으로 바꾸어 놓은 것입니다.

1										
1	1									
1	2	1								
1	3	3	1							
1	4	6	4	1						
1	5	10	10	5	1					
1	6	15	20	15	6	1				
1	7	21	35	35	21	7	1			
1	8	28	56	70	56	28	8	1		
1	9	36	64	126	126	64	36	9	1	
1	10	45	100	190	252	190	100	45	10	1

이렇게 모양을 바꾸어 놓으면 덧셈과 관련된 또 다른 규칙을 쉽게 찾을 수 있습니다. 세로 줄을 따라 숫자들을 차례로 더하면 그 더한 값은 오른쪽 아래 칸의 숫자와 같습니다. 예를 들어 두 번째 세로 줄에서 $1+2+3+4=10$인데, 합의 결과인 10은 4의 오른쪽 아래 칸의 숫자이기도 합니다. 이처럼 직각삼각형 모양의 파스칼의 삼각형을 이용하면 자연수들의 합도 쉽게 구할 수 있습니다.

도형으로 이해하는 소수의 개념

그림과 같이 12개의 정사각형이 있습니다.

이 작은 정사각형들을 이용하여 커다란 직사각형을 만든다면 몇 가지나 만들 수 있을까요?

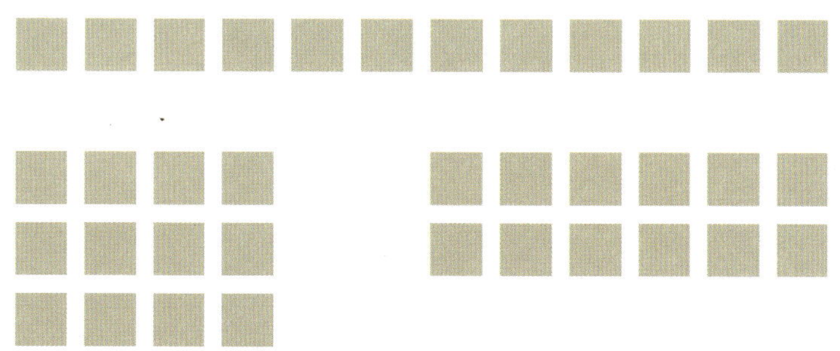

위의 그림처럼 세 가지 모양의 직사각형을 만들 수 있습니다. 그런

데 각각의 직사각형은 12의 약수들을 보여 줍니다. 가로와 세로의 길이를 유심히 살펴보세요.

첫 번째 직사각형은 가로가 12이고 세로가 1입니다. 두 수 모두 12의 약수라는 것은 알고 있지요? 두 번째와 세 번째 직사각형에서도 12의 약수 2, 3, 4, 6을 발견할 수 있습니다.

자, 이번에는 5개의 정사각형으로 커다란 직사각형을 만들어 볼까요?

그런데 이 경우에는 아래의 그림처럼 단 하나의 직사각형밖에 만들 수 없습니다. 왜냐하면 5의 약수는 1과 5밖에 없기 때문입니다.

이처럼 1보다 큰 자연수 중에서 약수가 1과 자기 자신밖에 없는 수를 '소수'라고 합니다. 만약 작은 정사각형의 개수가 소수라면 우리는 단 하나의 직사각형밖에 만들 수 없습니다. '소수'라는 수학적 개념이 도형에서는 하나의 규칙처럼 나타나고 있는 것입니다.

3

π의 역사

고대 이스라엘의 솔로몬왕 시대에 사용하던 π의 값은 성경에서 찾아볼 수 있습니다. 구약성서 열왕기상 7장 23절과 역대기하 4장 2절에는 다음과 같은 구절이 있습니다.

"또 바다를 부어 만들었으니 그 직경이 10규빗이요, 그 모양이 둥글며 그 고(高)는 5규빗이요, 주위는 30규빗 줄을 두를 만하며……."

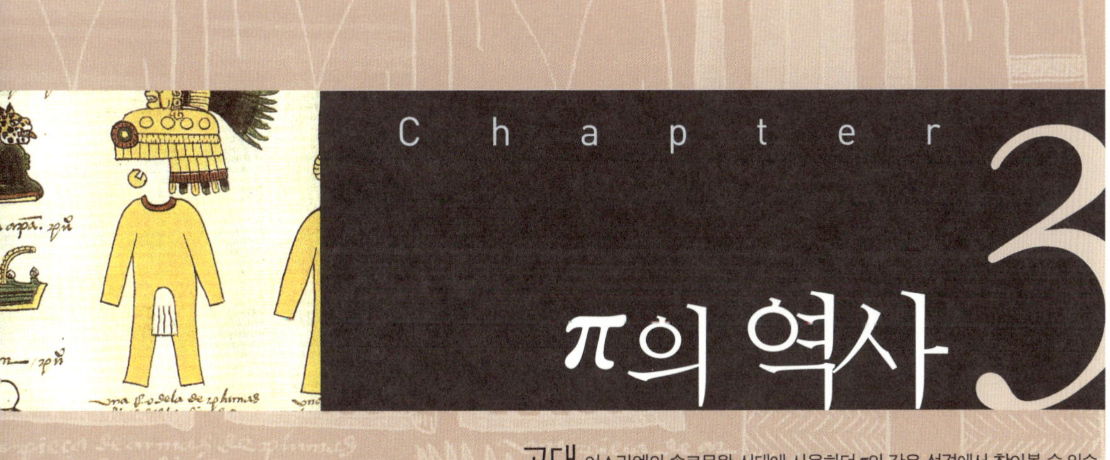

성경에 나오는 π값

원은 그 크기와 상관없이 어떤 원이든 간에 둘레를 그 원의 지름으로 나누면 항상 일정한 값을 갖습니다. 우리는 보통 이 값을 원주율이라고 부르며, 'π'라고 표기합니다.

$$\frac{원의\ 둘레}{원의\ 지름} = \pi$$

π의 값을 구하려는 시도는 아주 오래전부터 있었는데, 고대문명의 발상지인 바빌로니아와 이집트에서는 이미 π의 존재를 알고 있었을 뿐만 아니라 그 근사값을 구하여 이용했다고 합니다. 고대 이스라엘의 솔로몬왕 시대에 사용하던 π의 값은 성경에서 찾아볼 수 있습니다. 즉 성경에도 π의 측정값이 등장하고 있는 것입니다. 구약성서 열왕기상 7장 23절과 역대기하 4장 2절에는 다음과 같은 구절이 있습니다.

"또 바다를 부어 만들었으니 그 직경이 10규빗이요,

규빗(cubit)
고대에 사용하던 단위로, 팔꿈치에서 가운뎃손가락 끝까지의 길이를 말한다.

그 모양이 둥글며 그 고(高)는 5규빗이요,

주위는 30규빗 줄을 두를 만하며……"

설명하고 있는 것은, 모양이 둥글다고 하였으므로 형태가 원이고
그 둘레는 30규빗, 그리고 지름은 10규빗임을 알 수 있습니다. 따라서
성경에 나오는 π의 값은 $\pi = \dfrac{30}{10} = 3$이 됩니다.

π의 역사

기원전 2000년경에 바빌로니아인들과 이집트인들은 각각 $\pi = 3\frac{1}{8}$, $\pi = 4\left(\frac{8}{9}\right)^2$의 값을 얻었습니다.

고대인들은 어떻게 이 값을 얻었을까요? 확실히 알 수는 없지만, 우리 자신을 기원전 2000년경의 이집트인이라고 상상하고 추측해 보세요.

　가장 쉬운 방법은, 하나의 원을 택하고 그 지름과 둘레를 잰 다음 두 길이의 비를 구해 보는 것입니다. 우리에게 주어진 것은 막대기와 밧줄뿐입니다. 나일강의 평평한 모래 위에다 말뚝을 박고 튼튼한 밧줄을 연결합니다. 다른 한쪽 끝을 팽팽하게 잡은 채로 모래밭을 걸어가며 원 모양을 그립니다. 이 원의 반지름의 길이는 밧줄의 길이가 됩니다.

　자, 이제부터는 π의 값을 구하기 위해 반지름 길이의 두 배가 되는 긴 밧줄을 사용합니다. 이 밧줄의 한쪽 끝을 원 위의 한 점 A에 고정하고 팽팽하게 원의 둘레를 돌아 밧줄의 다른 끝이 닿은 곳을 점 B라고 합니다. 다시 밧줄의 끝을 점 B에 두고 출발하여 원 위의 점 C를 정합니다. 점 C에서 출발하여 같은 방법으로 점 D를 정합니다. 이렇게 하면 원의 둘레에는 지름이 3개 놓여지고 약간의 여분(AD)이 생긴다는 것을 알 수 있습니다.

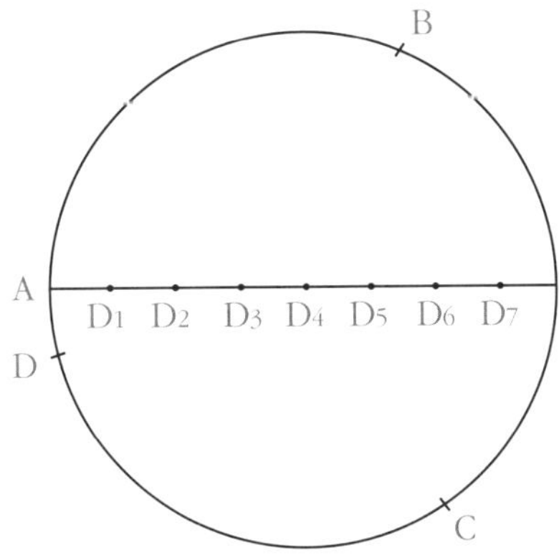

　만약 우리가 그 여분을 무시한다면 π=3의 값을 쉽게 얻을 수 있습

니다.

좀 더 정확한 측정값을 얻으려면 어떻게 해야 할까요?

지름과 나머지 AD의 길이의 비를 알아보면 됩니다. 이를 위하여 AD의 길이가 지름 위에 몇 번 나타나는지 세어 보면 되는데, 그 횟수는 7과 8 사이입니다. 따라서 우리는 π의 측정값으로 다음을 얻을 수 있습니다.

$$3\frac{1}{8} < \pi < 3\frac{1}{7}$$

고대 문헌에서 가장 많이 발견되는 π의 측정값인

$$\pi=3, \quad \pi=3\frac{1}{7}, \quad \pi=3\frac{1}{8}$$

은 위와 같은 방법으로 구해진 값임을 추측할 수 있습니다.

π값을 최초로 계산한 아르키메데스

"내가 다른 사람들보다 더 멀리 앞을 내다볼 수 있었던 것은, 내가 거인들의 어깨 위에 서 있을 수 있었기 때문이다."

이는 뉴턴이 한 말로, 그가 말한 거인들 중의 하나가 시라쿠스의 아르키메데스입니다. 아르키메데스는 인류 역사상 가장 뛰어난 수학자였을 뿐만 아니라 물리학자이자 공학도였습니다. 우리에게 아르키메데스는 목욕을 하던 중에 그토록 고민하던 부력의 원리가 머리를 스치고 지나가자 너무도 기쁜 나머지 "유레카(Heureka, 나는 알아냈다)!"라고 외치면서 벌거벗은 몸으로 시라쿠스의 거리를 뛰어다닌 일화로 잘 알려져 있습니다. 이처럼 그는 항상 수학에 몰두했던 수학자입니다.

아르키메데스는 정다각형을 이용하여 π의 측정값을 구하기도 했는데, 이것은 측정이 아닌 수학적 계산을 통해 π값을 처음으로 계산한 것입니다. 그가 구한 π값은 3.1418로 현재의 π값과 0.0002밖에 차이가 나지 않는 매우 정확한 값입니다.

그가 고안한 π값의 측정 원리를 살펴보겠습니다.

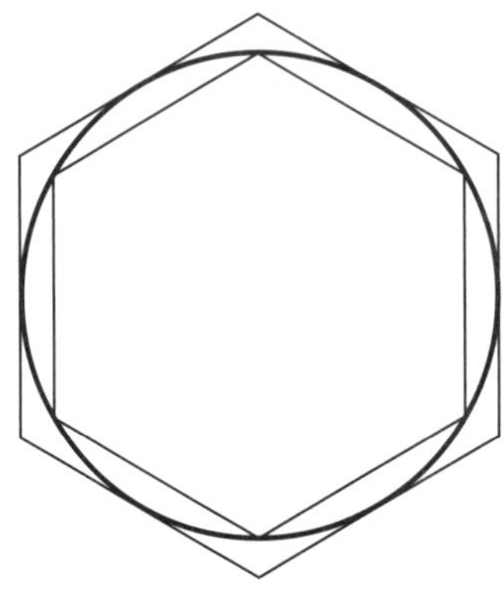

원의 둘레는 그 원에 내접하는 다각형의 둘레보다 길고,

그 원에 외접하는 다각형의 둘레보다 짧다.

그는 정육각형부터 시작하여 점차 변의 수를 늘려 나갔는데, 정구
십육각형의 경우에 그가 도달한 값은

$$3\frac{10}{71} < \pi < 3\frac{1}{7}$$

이고, 이를 소수로 표현하면 3.14084 < π < 3.14286이 됩니다. 그가 삼
각함수를 이용할 수도 없었고 소수 표기법도 모르는 상황에서 이렇게 정
확한 값을 구할 수 있었다는 것은 매우 놀라운 일이 아닐 수 없습니다.

정다각형을 이용하여 π의 값을 계산하는 방법에 대해 좀 더 자세히

살펴보겠습니다.

π의 값은 원주와 지름의 비이므로 원에 내접하거나 외접하는 정다각형을 이용하여 그 값을 계산할 수 있습니다. 아래 그림과 같이 원에 내접하는 정육각형은 한 변의 길이가 반지름의 길이와 같은 6개의 정삼각형으로 분할됩니다. 따라서 원의 반지름을 1이라고 하면 정육각형의 둘레는 6이 됩니다. 그러므로 원에 내접하는 정육각형으로부터 π의 근사값은 3보다 크다는 사실을 알 수 있습니다.

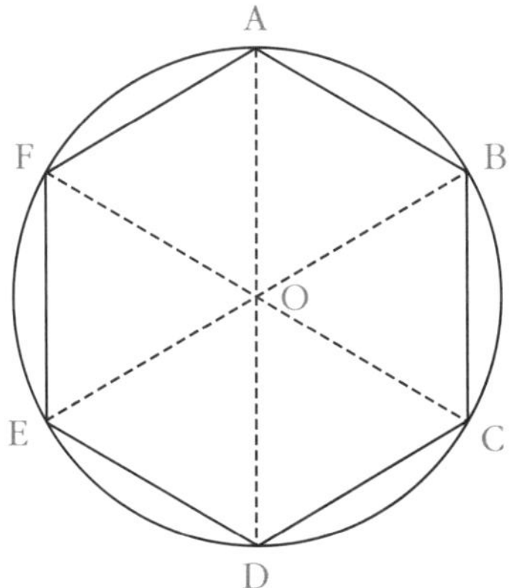

이제 변의 수를 늘려서 반지름의 길이가 1인 원에 내접하는 정십이각형을 생각해 봅시다. 아래 그림과 같이 변 AB와 변 OA′의 교점을 P라고 정합니다.

정십이각형의 한 변의 길이를 x라 두고 이 값을 구해 보겠습니다.

△APO에서 ∠AOP$=30°$이므로

$\overline{AP}:\overline{AO}:\overline{PO}=1:2:\sqrt{3}$ 이 됩니다.

따라서 $\overline{PO}=\sqrt{3}\,\overline{AP}=\dfrac{\sqrt{3}}{2}$ 입니다.

이로부터 $\overline{A'P}=\overline{A'O}-\overline{PO}=1-\dfrac{\sqrt{3}}{2}=\dfrac{2-\sqrt{3}}{2}$

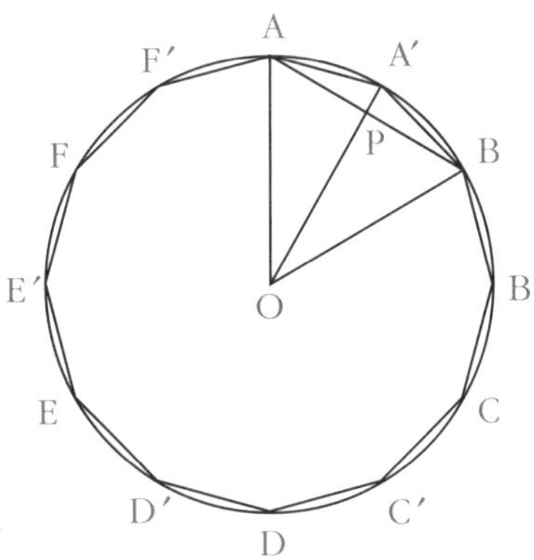

$\triangle APA'$는 직각삼각형이므로 피타고라스의 정리를 이용하면

$$x=\dfrac{\sqrt{6}-\sqrt{2}}{2}$$

를 구할 수 있습니다. 그러므로 정십이각형의 둘레는 $12x=6(\sqrt{6}-\sqrt{2})$가 되고 원주율 π는 지름의 길이 2에 대한 둘레의 길이 $12x$의 비율보다 크므로 $3(\sqrt{6}-\sqrt{2})\approx3.1058$보다 큽니다.

초월수 π

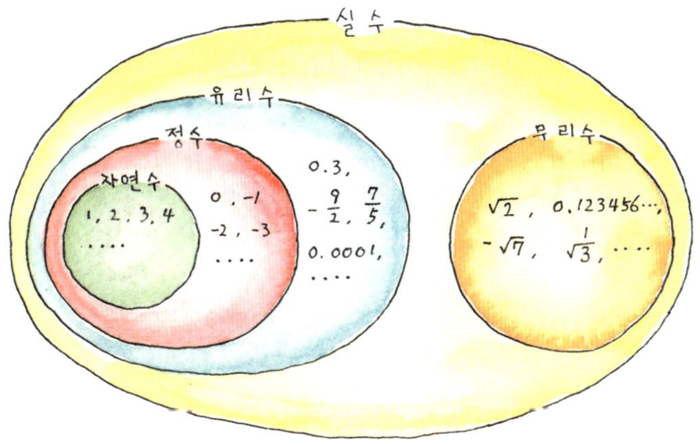

실수는 유리수와 무리수로 구성되어 있습니다. 사전적 의미의 유리수는 정수의 비로 나타낼 수 있는 수를, 그리고 무리수는 정수의 비로 나타낼 수 없는 수를 말합니다. 그런데 방정식의 관점에서 그 의미를 살펴보면 좀 더 새로운 시각에서 실수의 성질을 생각할 수 있습니다.

보통 $a_0x^n + a_1x^{n-1} + \cdots\cdots + a_{n-1}x + a_n = 0$과 같은 형태의 방정식을 n차 대수 방정식이라고 부릅니다. 특히 계수 $a_0, a_1, \cdots, a_{n-1}, a_n$이 모두

정수이면 우리는 이 방정식의 근을 '대수적인 수(algebraic number)'라고 합니다. 예를 들어 차수가 1인 대수 방정식은 $mx+n=0$(m, n 은 정수) 꼴이 되고 그 근은 $x=-\dfrac{n}{m}$ 이므로 결국 분수, 즉 유리수는 모두 대수적인 수라고 할 수 있습니다. 또한 방정식 $x^2-2=0$의 계수들은 모두 정수이므로 이는 대수 방정식입니다. 따라서 이 방정식의 근인 무리수 $\sqrt{2}$, $-\sqrt{2}$ 모두 대수적인 수입니다. 하지만 실수 중에는 대수적인 수가 아닌 것도 있습니다. 대수적이 아닌 수들도 많이 존재한다는 것이 프랑스의 수학자 조제프 리우빌(Joseph Liouville, 1809~1882)에 의해 알려졌습니다. 우리는 이러한 수들을 '초월수(transcendental number)'라고 부르는데, 원주율 π도 그중 하나입니다.

3대 작도 문제

우리는 수학 문제를 풀 때 그 해답보다는 문제를 해결하는 방법이나 과정에서 아름다움을 발견하게 됩니다.

그런데 어떤 수학 문제는 결국에는 '해답 없음'이 답이 되는 경우가 있습니다. '해답 없음'은 매우 실망스러운 결과처럼 보이나 이러한 결론에 도달하기까지는 다양하면서도 독특한 사고가 사용되며 가끔은 새로운 아이디어가 발견되기도 합니다.

이처럼 '해답 없음'을 답으로 하는 3개의 유명한 문제들이 고대로부터 내려오고 있습니다. 이 문제들은 3대 작도 문제라고 불리는데, 19세기에 해결이 불가능하다는 것이 증명될 때까지 2000년 이상 수학자들의 사고와 발달을 자극하였습니다.

3대 작도 문제는 다음 3가지를 눈금 없는 자와 컴퍼스만으로 작도하는 것입니다.

① 임의의 각의 삼등분

주어진 한 각을 합동인 세 각으로 나누어 작도하는 문제

② 정육면체의 부피를 두 배로 만들기

주어진 정육면체의 부피보다 두 배 더 큰 정육면체를 작도하는 문제

③ 원적 문제

주어진 원과 같은 면적을 갖는 정사각형을 작도하는 문제

세월이 흘러 19세기에 이르러서야 이들 문제에 대하여 다음과 같은 결론이 내려졌습니다.

직선 자를 사용하면, 그 식이 일차방정식(예: $y=3x-4$)으로 나타내어지는 선분만을 작도할 수 있다. 한편 컴퍼스를 이용하면 그 식이 이차방정식(예: $x^2+y^2=25$)으로 나타내어지는 원이나 호도 작도가 가능하다. 그러나 위의 문제를 해결하기 위한 방정식은 일차나 이차방정식이라기보다는 삼차곡선(삼차방정식)이거나 초월수를 포함하는 방정식이다. 그러므로 컴퍼스와 직선 자만을 이용해서는 이런 종류의 방정식이나 숫자를 이끌어내는 것이 불가능하다.

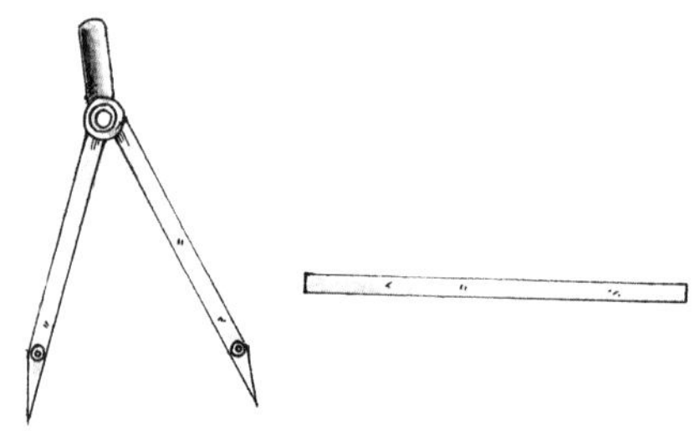

그런데 왜 꼭 눈금 없는 자와 컴퍼스만을 이용하여 작도하려고 했을까요? 다른 도구들을 이용하면 충분히 작도가 가능했을 수도 있는데 말이죠. 사실 그 이유에 대해서는 학자들 사이에도 의견이 다양합니다. 하지만 이 문제들을 만들어 낸 사람이 그리스인들이고 수학에 대한 고대 그리스인들의 태도를 고려한다면 다음의 설명이 꽤 설득력이 있습니다.

직선 자는 기하학의 직선, 컴퍼스는 기하학의 원이라는 추상적 개념을 뜻합니다. 그리스인들은 자신들의 기하학을 이 두 개의 도형으로만 연구하려 했고, 그 밖의 도형들도 이 두 개의 도형으로부터 추론하고자 했습니다. 예를 들어 포물선, 타원, 쌍곡선 등은 하나의 평면이 원뿔을 통과함으로써 생겨나는데, 이때 평면과 원뿔이라는 도형은 실제로 모두 하나의 움직이는 직선으로 만들어진 것입니다. 그러므로 그리스인들이 작도의 도구를 직선과 원으로 제한한 것은 당연하며, 거기에는 기하학을 단순하고 조화로운 학문으로 만들고자 했던 그들의 희망이 담겨 있다는 주장입니다.

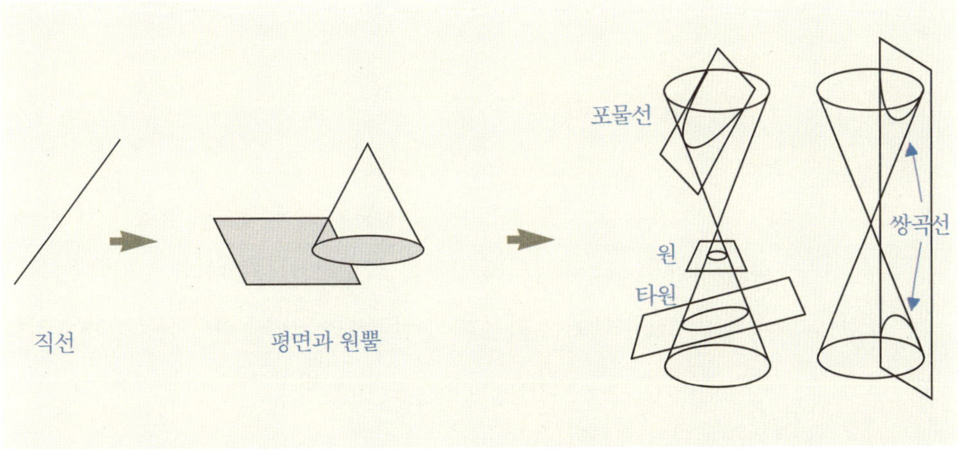

플라톤은 이 3대 작도 문제를 해결하기 위하여 다른 도구들을 도입하는 것은 자신과 같은 철학자에게는 아무런 가치가 없는 일이라고 주장했습니다. 그의 주장을 한번 들어 볼까요?

(만약 눈금 없는 자와 컴퍼스 외의 다른 도구를 사용한다면) 결국 정신이 아닌 육체적 노동을 요구하는 것으로, 이때 기하학의 유용성은 옆으로 밀려나고 파괴된다. 기하학은 원래 신의 것이고 동시에 기하학을 하기 때문에 그는 항상 신이라 말할 수 있다. 그런데 만일 다른 도구를 사용하여 작도를 행한다면 그러한 행위는 기하학을 고양시켜 영원하고 영적인 사고에 대한 이미지로 채색하는 대신 그것을 다시 감각의 세계로 환원하는 것과 같다.

자, 이제부터는 3대 작도 문제를 하나씩 살펴보면서 왜 작도가 불가능한지 알아보겠습니다.

▎ 임의의 각의 삼등분 ▎

135도나 90도와 같은 특수한 각들은 컴퍼스와 직선 자만을 사용해서 삼등분하는 작도가 가능합니다. 그러나 임의의 각이 주어졌을 때에는 직선 자와 컴퍼스만을 사용해서 삼등분하는 것이 불가능합니다. 그 이유는 이를 해결하는 방정식이 $4x^3 - 3x - a = 0$으로 표현되기 때문입니다.

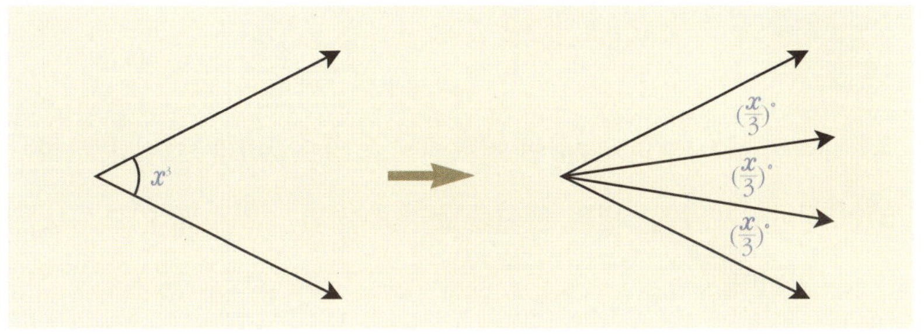

정육면체의 부피를 두 배로 만들기

혹시 여러분 중에는 주어진 정육면체의 부피를 두 배로 만들려면 각각의 모서리의 길이를 두 배씩 하면 된다고 쉽게 생각하는 사람이 있을지도 모르겠습니다. 하지만 실제로 이때의 부피는 여덟 배가 됩니다.

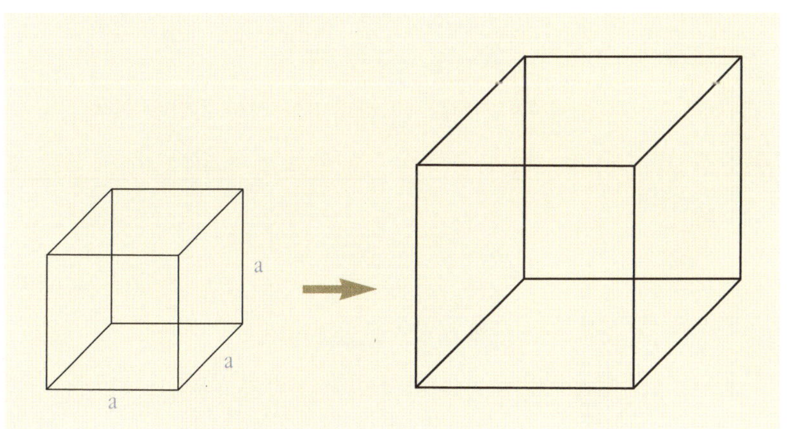

주어진 정육면체의 부피$=a^3$

이제 우리는 부피가 $2a^3$인 정육면체가 필요합니다. 그런데 부피가 $2a^3$인 정육면체의 한 변의 길이를 x라고 하면, $x^3=2a^3$이므로 $x=a \cdot \sqrt[3]{2}$입니다.

이 수는 자와 컴퍼스만으로는 작도할 수 없는 수이기 때문에 우리가 원하는 정육면체는 작도가 불가능합니다.

▌ 원적 문제 ▌

바로 이 세 번째 작도 문제가 π와 관련된 문제입니다.

반지름이 r 인 원의 넓이는 πr^2입니다. 이제 우리는 한 변의 길이가 x이고 그 넓이가 πr^2인 정사각형을 작도하려고 합니다. 그런데 $x^2=\pi r^2$이므로 $x=r\sqrt{\pi}$이어야 합니다.

하지만 π는 초월수이기 때문에 컴퍼스와 직선 자만을 가지고는 작도할 수 없고, 따라서 원과 같은 면적을 갖는 정사각형을 얻는 것은 불가능합니다.

지금까지 3대 작도 문제를 살펴보았습니다.

고대부터 이를 해결하기 위하여 뛰어난 방법과 계획들이 고안되었지만 결국 실패로 끝났습니다. 그러나 중요한 사실은 이 문제들이 오랜 기간 동안 수학적 사고의 발달을 자극해 왔다는 것입니다.

니코메데스의 콘코이드(나사선), 아르키메데스의 나선, 히피아스의 이차곡선, 원뿔의 분할, 삼차·사차곡선, 그리고 그 밖의 초월함수의 곡선들이 3대 작도 문제로부터 파생된 아이디어들입니다.

피라미드 속의 π

이집트의 피라미드는 세계 7대 불가사의 중 하나입니다. 거대한 규모와 복잡한 구조, 뿐만 아니라 오랜 기간 동안 피라미드의 안과 밖이 수많은 변화를 견디며 그대로 보존되고 있다는 사실은 현대를 살아가는 우리들에게도 놀라움과 신비감을 전해 줍니다.

그런데 피라미드를 더욱 불가사의하게 만드는 것이 있습니다. 바로 피라미드에 숨겨진 수학입니다.

피라미드 중에서도 규모와 정교함이 가장 돋보이는 쿠푸 왕의 피라미드를 예로 들어 살펴보겠습니다. 쿠푸 왕의 피라미드는 대피라미드 또는 제1피라미드라고 불리는데, 그 높이가 무려 146미터가 넘는다고 합니다. 물론 사진이나 그림으로 많이 보았듯이, 그 모양은 밑면이 정사각형이고 옆면이 4개의 삼각형으로 이루어진 사각뿔 모양입니다.

다음 그림에 나타난 숫자들을 이용하여 질문에 답해 보세요.

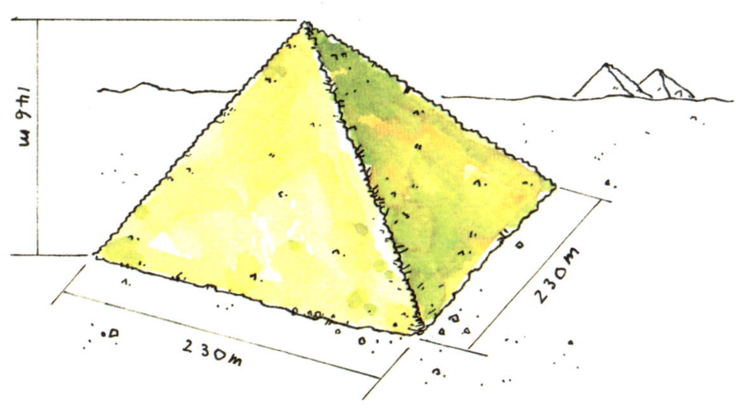

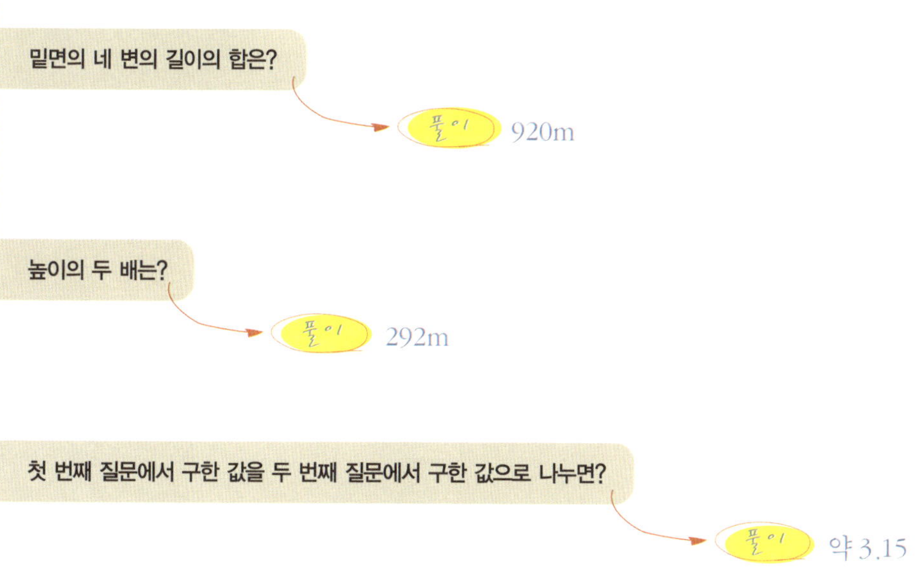

　나눗셈을 하여 얻은 값이 원주율 π의 값과 비슷하다는 것을 알아챘나요? 여기에서는 대략적인 값을 이용했기 때문에 약간의 오차가 생겼지만, 정확한 밑면의 한 변의 길이와 높이를 이용하여 계산한다면 마지막 질문의 결과는 π의 값과 매우 가까운 값(근사값)이 될 것입니다.

　피라미드에는 π 이외에도 가장 아름다운 비율이라는 황금비, 지구의 크기와 관련된 숫자들 등 많은 수학의 신비가 숨겨져 있습니다. 이러한 수학의 신비 때문에 피라미드가 아직도 당당한 모습으로 그 자리를 지키고 있는 것은 아닐까요?

확률을 이용하여 π를 계산하다

수천 년 동안 많은 사람들은 π의 매력에 이끌려 그것의 정확한 값을 얻으려고 노력했습니다.

앞서 살펴본 것처럼, 아르키메데스는 원에 내접하는 다각형의 변의 수를 늘려 가는 과정을 통해 π의 근사값이 $3\frac{10}{71}$ 과 $3\frac{1}{7}$ 사이에 있음을 알았습니다. 이집트의 수학자는 π의 값을 3.16으로 정하였고, 서기 150년에 프톨레미우스는 3.1416이라는 원래의 π 값에 매우 가까운 값을 구했습니다. 많은 사람들의 노력으로 π가 조금씩 그 모습을 드러낸 것입니다.

3.14159265358979323846264 3
3832795028841971693993 75
10582097494459230781640 6
286208998628034825342117
0679821480865132823066 47
0938446095505822317253 59
4081284811174502841027 …

하지만 끊임없는 수학의 발전 덕택에 오늘날에는 고대 그리스인들이 사용했던 복잡한 방법을 사용하지 않더라도 더 정확한 값을 구할 수 있게 되었습니다. 예를 들어.

$$\pi = \cfrac{4}{1+\cfrac{1^3}{2+\cfrac{3^2}{2+\cfrac{5^2}{2+\cfrac{7^2}{\dots}}}}}$$

와 같은 연분수를 이용하기도 합니다.

그런데 가장 독특한 계산 방법은 18세기 프랑스의 박물학자 뷔퐁 백작의 바늘 문제입니다.

뷔퐁은 한 평면 위에 d만큼의 거리를 두고 평행선을 그린 다음, d보다 짧은 길이의 바늘을 이 표면 위에 떨어뜨리는 실험을 했습니다. 그는 이러한 실험을 통해 실패(바늘이 선 위에 닿지 않은 경우)한 횟수에 대한 성공(바늘이 선 위에 닿은 경우)한 횟수의 비가 π를 포함하고 있다는 놀라운 사실을 발견했습니다.

만일 바늘의 길이가 d이면 그 확률은 $\dfrac{2}{\pi}$입니다. 실험의 횟수가 증가할수록 그 결과는 π에 더 가까이 가게 됩니다. 1901년 이탈리아의 수학자 라제리니(Lazzerini)는 3408번의 시행을 하여 π의 값으로 3.1415929를 얻었는데 이는 소수 여섯째 자리까지 정확한 값입니다.

확률을 사용하여 π를 계산하는 또 다른 방법으로, 1904년 R. 찰스 (R. Charles)는 무작위로 쓴 2개의 숫자가 서로 소일 확률이 $\dfrac{6}{\pi}$이 된다는 것을 발견하였습니다.

기하학, 미적분학, 그리고 확률론에 이르는 광범위한 범위에서 π가 보여 주는 다재다능함은 매우 놀랍습니다.

π를 이용한 시

고대 동방의 문명 세계에서 최초로 π의 근사값을 3으로 표기한 이래로 인류는 더 정확한 값을 구하려고 많은 시도를 하였습니다. 또한 그 값을 소수점 이하 여러 자리까지 기억하기 위하여 다양한 기억술이 만들어졌습니다.

다음의 영시에 나오는 단어의 철자수는 π의 소수점 이하 30자리까지의 수를 의미합니다. 다음 시를 감상해 보세요.

$$\pi = 3.141592653589793238462643383279 50\cdots\cdots$$

Now I, even I, would celebrate

In rhymes unapt, the great

Immortal Syracusan, rivaled nevermore,

Who in his wondrous lore,

Passed on before,

Left men his guidance

How to circles mensurate.

또 다른 시를 감상해 보세요.

Sir, I bear a rhyme excelling

In mystic force and magic spelling

Celestial sprites elucidate

All my own striving can't relate.

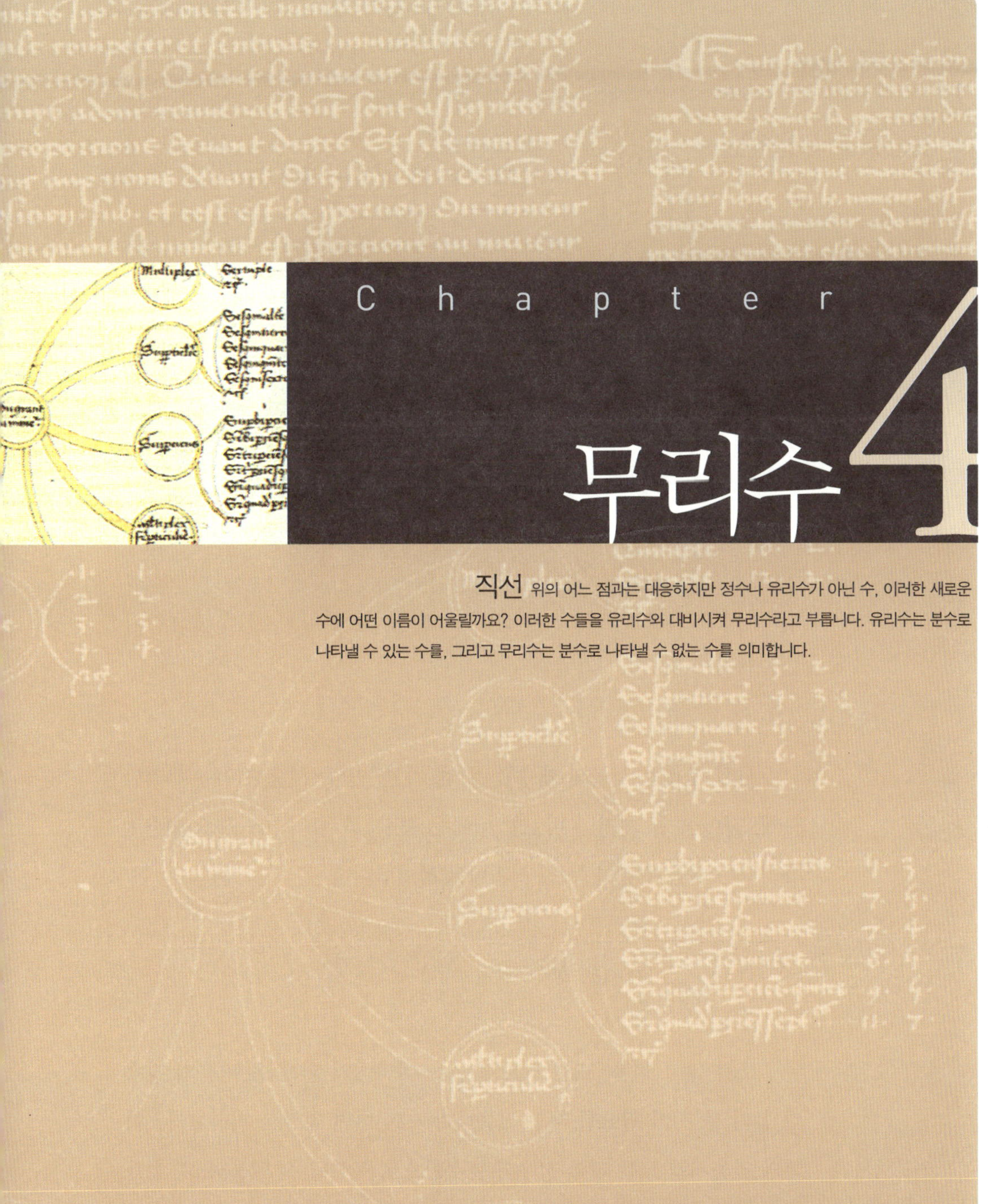

무리수

직선 위의 어느 점과는 대응하지만 정수나 유리수가 아닌 수, 이러한 새로운 수에 어떤 이름이 어울릴까요? 이러한 수들을 유리수와 대비시켜 무리수라고 부릅니다. 유리수는 분수로 나타낼 수 있는 수를, 그리고 무리수는 분수로 나타낼 수 없는 수를 의미합니다.

직선을 유리수로 채운다!?

고대 그리스의 피타고라스학파는 "만물은 수이다"라는 믿음을 갖고 있었습니다. 특히 그들은 정수와 이들의 비인 분수만으로 모든 것을 나타낼 수 있다고 믿었습니다.

사실 우리는 사물의 개수를 셀 때 자연수만을 사용합니다. 하지만 무게, 길이 등을 재거나 비교할 때에는 분수, 즉 유리수가 필요합니다. 유리수는 다음과 같이 두 정수의 비로 정의합니다.

$$\frac{p}{q} \ (p, q\text{는 정수, 단 } q \neq 0)$$

또한 많고 적음, 또는 크고 작음을 나타내기 위해 음수(음의 정수나 음의 분수)가 필요할 때도 있습니다. 그렇다면 정말로 피타고라스학파의 믿음처럼 모든 것이 정수와 분수만으로 표현될 수 있을까요? 그들은 유리수를 기하학적으로 나타내고자 하였는데, 이를 통해서 그들의 믿음이 사실인지 확인해 보겠습니다.

직선 위에 서로 다른 두 점 O와 E를 정합니다. 점 O의 오른쪽에 E를 표시하고 선분 OE의 길이를 단위 길이로 하여 점 O는 정수 0, 점 E는 정수 1을 나타낸다고 합시다. 그러면 모든 정수는 선분 OE의 길이의 배수만큼 떨어진 곳에 위치하므로 모든 정수를 직선 위에 나타내는 것이 가능합니다.

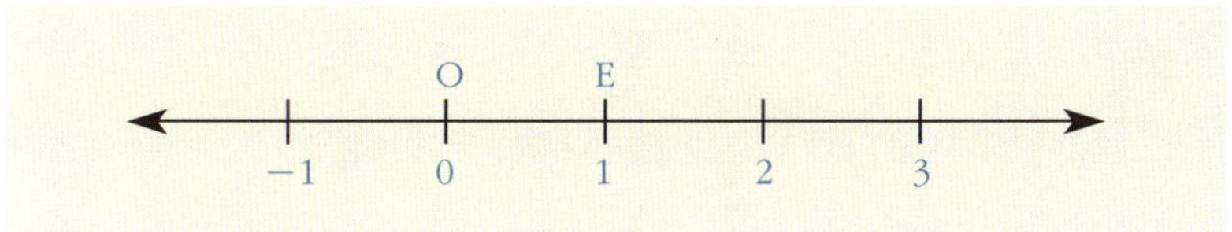

또한 분모가 q인 유리수는 단위 선분 OE를 q등분하는 각각의 점에 대응시킬 수 있습니다.

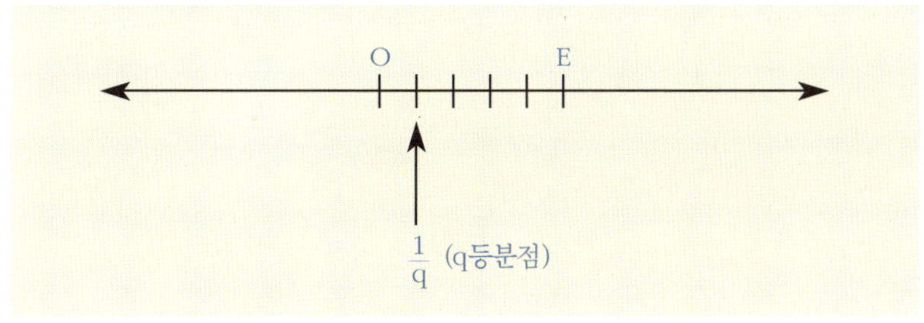

이러한 방법은 유리수로 직선 위의 모든 점을 채울 수 있다는 착각을 하게 만듭니다. 물론 피타고라스학파도 이 함정에 빠져, 정수와 유리

수가 수 전체라는 그들의 믿음이 더욱 확고해졌습니다. 그러나 과연 그럴까요?

이제 아래의 그림과 같이 단위 길이를 갖는 정사각형에 대각선을 긋고, 그 길이를 반지름으로 하는 중심이 O인 원을 그려 직선과 만나는 점을 P라고 해보세요. 정사각형의 대각선을 나타내는 선분 OP 의 길이는 얼마일까요? 피타고라스학파의 믿음처럼 이 길이도 정수나 유리수로 표현할 수 있을까요? 대답은 '아니오!'입니다. 다시 말해 직선 위에는 정수나 유리수가 아닌 수를 나타내는 점도 있다는 것입니다. 만물을 수로, 그것도 정수와 유리수만으로 표현할 수 있다고 믿었던 피타고라스학파에게 이 사실은 너무나도 큰 충격이었습니다.

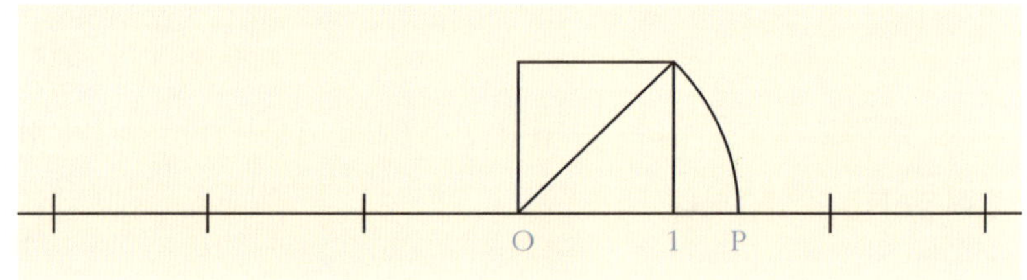

진실을 말하려 했던 배신자 히파수스

피타고라스학파는 정수나 유리수가 아닌 또 다른 수가 존재한다는 사실을 받아들이려 하지 않았습니다. 한 변의 길이가 1인 정사각형의 대각선의 길이를 분수로 나타낼 수 없었는데도 말이죠.

하지만 그들은 아직 그러한 분수를 찾지 못한 것뿐이며 그 대각선의 길이를 나타내는 분수는 반드시 존재할 것이라고 믿었습니다.

그들에게 세상은 정수와 유리수만으로 체계를 잘 갖춘 상태였기 때문에 또 다른 수를 인정한다는 것은 그 체계가 무너지는 것과 같았습니다. 그래서 그들은 이러한 사실을 비밀에 부치기로 약속했습니다.

그런데 피타고라스학파의 한 사람이었던 히파수스가 그 약속을 깨뜨리는 바람에 그들의 체계는 흔들리기 시작했습니다. 히파수스는 정사각형의 대각선을 표현할 수 있는 유리수가 존재하지 않음을, 즉 정수의 비로는 표현할 수 없는 수가 존재한다는 사실을 외부에 발설했던 것입니다.

　　비밀을 폭로한 대가로 그는 다른 피라고라스학파 사람들에 의해
바다에 던져졌습니다. 당시에 그 비밀은 죽음과 맞바꿀 정도로 엄청난
것이었습니다.

무리수의 의미

직선 위의 어느 점과는 대응하지만 정수나 유리수가 아닌 수, 이러한 새로운 수에 어떤 이름이 어울릴까요?

이러한 수들을 유리수(有理數, rational number)와 대비시켜 무리수(無理數, irrational number)라고 부릅니다. 영어 표현을 통해서도 알 수 있겠지만, 유리수는 분수로 나타낼 수 있는 수를, 그리고 무리수는 분수로 나타낼 수 없는 수를 의미합니다.

그러나 'rational'의 어원을 살펴보면 무리수의 또 다른 의미를 알 수 있습니다. 그리스인들은 수학적 비례를 나타내는 용어로 '로고스(logos)'를 썼는데 이 용어에는 '논리', '말' 또는 '말한다'라는 또 다른 의미가 있다고 합니다.

로고스라는 단어는 라틴어에서 비율, 이성을 나타내는 'ratio'로 바뀌었고 이 단어가 이성적인, '유리수의'라는 의미를 가진 'rational'의 어원이 되었습니다.

그러므로 무리수를 의미하는 그리스어 '알로고스(alogos)'는 로고스의 반대되는 뜻으로 '비(比)가 아님', '말할 수 없음'이라는 두 가지의 뜻을 갖습니다.

어원을 통해서도 무리수의 존재가 얼마나 위험한 지식이었는지를 알 수 있습니다.

$\sqrt{2}$는 무리수이다
—아리스토텔레스의 증명

다음은 앞에서 이미 보았던 그림입니다.

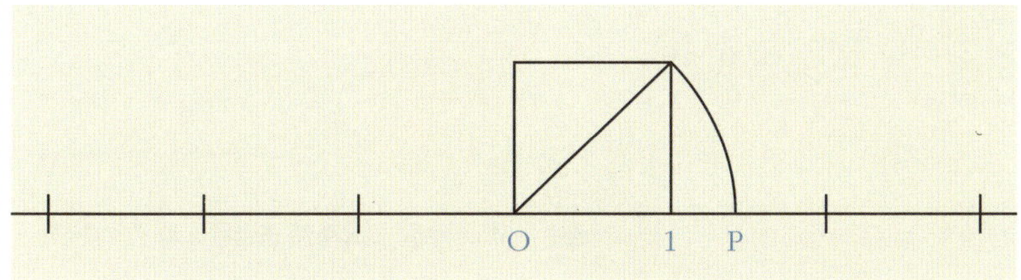

여기에서 선분 OP 의 길이는 피타고라스 정리에 의해 구할 수 있는데, 그 길이는 $\sqrt{2}$입니다. 피타고라스 정리가 무엇인지, 그리고 그 정리를 이용해서 정사각형의 대각선의 길이는 어떻게 구할 수 있는지 궁금하겠지만 이에 대해서는 다음에 더 자세히 다루기로 하고 여기서는 $\sqrt{2}$라는 수에만 초점을 두겠습니다.

점 P가 유리수로 표현될 수 없다는 것을 증명하기 위해서는 $\sqrt{2}$가 무리수라는 것을 보이면 됩니다. 많은 수학자들이 이와 관련된 증명을 보여 주었는데, 여기에서는 세 명의 수학자 아리스토텔레스, 유클리드,

페르마의 증명을 순서대로 소개하겠습니다. 무리수라는 용어도 친숙하지 않은 상태에서 그 증명까지 이해하기란 쉽지 않겠지만 천천히 읽으면서 세 수학자의 독특한 증명 방법에서 아름다움을 느낄 수 있기를 기대합니다.

우선 아리스토텔레스의 증명을 살펴보겠습니다. 그는 귀류법이라는 증명 방법을 이용하여 $\sqrt{2}$가 무리수임을 보였는데, 학교 수학 시간에도 이 방법이 소개되고 있습니다. 귀류법은 결론을 부정하여 모순을 이끌어냄으로써 원래의 명제가 참임을 보이는 증명 방법입니다.(귀류법에 대한 자세한 이야기는 마지막 장의 '논리'에서 다룹니다.)

'$\sqrt{2}$는 무리수이다'를 증명하려면 다음의 정리가 필요하므로 우선 이 정리를 증명하겠습니다.

정리1

자연수 a^2이 짝수일 필요충분 조건은 a가 짝수이다.

증명 a가 짝수이면, $a = 2c$이고

$a^2 = 2(2c^2)$이 되어 a^2도 짝수이다.

역으로 a^2이 짝수이면 a가 짝수임을 증명하자.

만약 a가 짝수가 아니라고 가정하면,

a를 $a = 2c + 1$이라고 나타낼 수 있고

$a^2 = (2c+1)^2 = 2(2c^2 + 2c) + 1$이 되어

짝수가 아니다. 그러므로 a^2이 짝수일 때

a는 짝수이다.

이제는 귀류법을 이용하여 $\sqrt{2}$가 무리수임을 증명해 보겠습니다.

$\sqrt{2}$는 무리수이다.

증명

$\sqrt{2}$가 유리수라고 가정하고

$\sqrt{2} = \dfrac{a}{b}$ (a와 b는 서로 소인 정수)라고 하자.

이때 $a = \sqrt{2}b$이고, $a^2 = 2b^2$이 된다.

즉 a^2은 짝수가 되고 정리 1에 의하여 a도 짝수이다.

$a = 2c$로 놓으면 $(2c)^2 = 2b^2$이 되어 $2c^2 = b^2$이다.

따라서 b^2도 짝수가 되어 정리 1에 의하여 b도 짝수이다.

이는 'a와 b가 서로 소'라는 가정에 모순된다.

그러므로 $\sqrt{2}$는 유리수가 아니므로 $\sqrt{2}$는 무리수이다.

$\sqrt{2}$는 무리수이다
―유클리드의 증명

무리수가 존재한다는 사실은 '모든 것이 정수에 따르고 있다'고 주장하는 피타고라스학파에게 커다란 충격을 주었습니다.

뿐만 아니라 기하학적인 면에서도 하나의 직선에 유리수로는 채울 수 없는 틈이 있다는 사실은 직관적으로 도저히 믿을 수 없는 일이었습니다.

기하학에서 하나의 직선을 유리수만으로 채울 수 있다는 것은, 임의의 두 선분에 대해 기준이 되는 또 다른 하나의 작은 선분이 존재하여 이 2개의 선분을 작은 선분의 정수배로 나타낼 수 있다는 것을 의미합니다. 이를 기호로 나타내 보겠습니다.

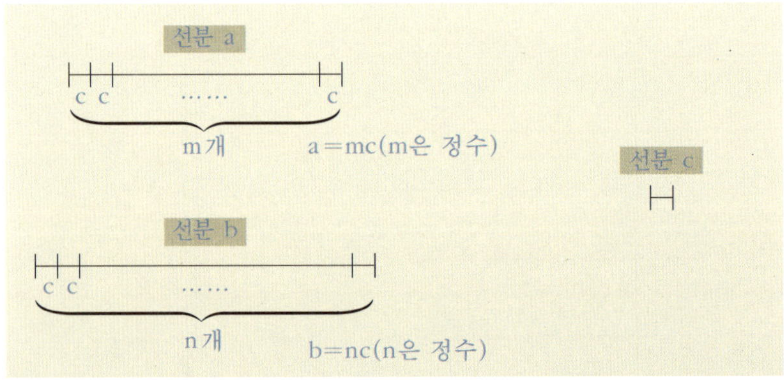

하지만 무리수의 출현으로 이러한 그들의 믿음은 산산이 부서지고 말았습니다.

유클리드는 $\sqrt{2}$가 무리수가 됨을 자신의 『원론』에서 다음과 같이 기하학적으로 엄밀하게 증명하였습니다.

다른 증명에 비해 이 증명은 더욱 어렵지만 끈기를 갖고 천천히 읽어 보세요. 그래도 이해가 되지 않으면 다음 쪽으로 그냥 넘어가도 됩니다.

그림에서와 같이 한 변의 길이가 s_1인 정사각형 $ABCD$를 그리고, 그 대각선의 길이를 d_1이라 하자. 그리고 $\overline{AB}$를 반지름으로 하는 원과 대각선 $\overline{AC}$와의 교점을 점 E라 하자. 점 E에서 그은 대각선의 수선과 $\overline{BC}$와의 교점을 F라 하면 $\triangle BAF \equiv \triangle EAF$가 되어 $\overline{BF} = \overline{EF}$이고, $\triangle CEF$는 직각이등변삼각형이 되어 $\overline{CE} = \overline{EF}$이다. 이때 $\overline{EF}$의 길이를 s_2라 하면 $s_2 = d_1 - s_1$을 만족한다.

다음으로는 한 변의 길이가 s_2인 두 번째 정사각형 $CEFG$를

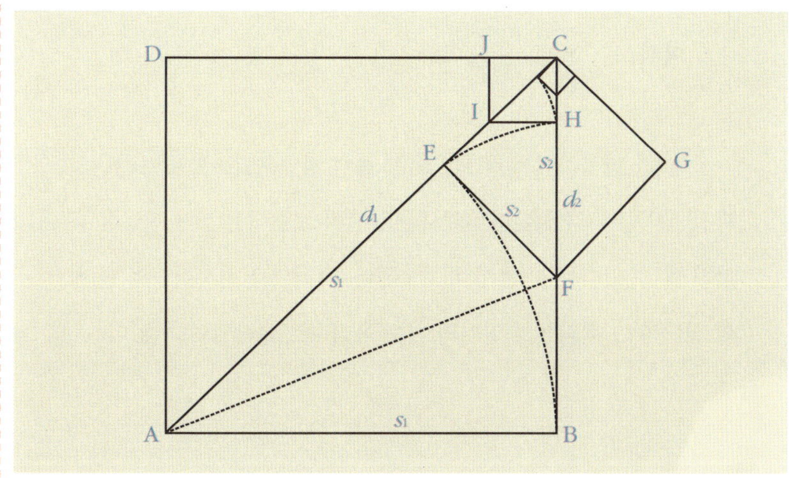

그리자. 이 정사각형의 대각선의 길이를 d_2라 하면 $d_2 = s_1 - s_2$를 만족한다. $\overline{EF}$를 반지름으로 하는 원을 그려 대각선 $\overline{FC}$와 만나는 점을 H라 하자.

이때 $\overline{CH}$ 의 길이는 새로운 정사각형의 한 변의 길이 s_3가 되며 $s_3 = d_2 - s_2$이다. 그리고 이 정사각형의 대각선의 길이는 $d_3 = s_2 - s_3$이다. 이 과정을 계속 반복하면 n번째 정사각형의 한 변의 길이 s_n과 대각선의 길이 d_n은 다음을 만족한다.

$$s_n = d_{n-1} + s_{n-1}, \; d_n = s_{n-1} + s_n$$

만일 정사각형의 한 변의 길이와 대각선의 길이 사이에 유리수의 관계가 성립한다면 앞에서 언급한 바와 같이 새로운 선분의 길이 a가 존재하여 다음의 관계를 만족할 것이다.

$s_1 = M_1 a, \; d_1 = N_1 a \; (M_1, N_1$은 정수$)$

$s_2 = d_1 - s_1 = (N_1 - M_1)a = M_2 a$ 이고

$d_2 = s_1 - s_2 = (M_1 - M_2)a = N_2 a$ 이다.

이때 $M_2 < M_1, \; N_2 < N_1$이다.

이를 반복하면 결국 M_1, N_1은 유한 자연수였으므로 유한번의 과정에서 끝이 나게 된다. 이 사실은 앞의 그림에서 하던 작업을 무한히 할 수 있다는 것과 서로 모순된다. 그러므로 정사각형의 한 변의 길이와 그 대각선의 길이의 비는 유리수로 나타낼 수가 없다.

$\sqrt{2}$는 무리수이다
−페르마의 증명

마지막으로 페르마의 증명 과정을 살펴보겠습니다.

$\sqrt{2}$가 유리수라고 가정하고

$\sqrt{2} = \dfrac{a}{b}$ (a, b는 자연수)라고 하자.

이때, $\sqrt{2} + 1 = \dfrac{1}{\sqrt{2} - 1}$ 이므로

$\dfrac{a}{b} + 1 = \dfrac{1}{\dfrac{a}{b} - 1} = \dfrac{b}{a - b}$ 이며, 따라서

$\sqrt{2} = \dfrac{a}{b} = \dfrac{b}{a - b} - 1 = \dfrac{2b - a}{a - b} = \dfrac{a_1}{b_1}$ ($a_1 = 2b - a$, $b_1 = a - b$)

라 할 수 있다.

그런데 $1 < \sqrt{2} < 2$이므로 $1 < \dfrac{a}{b} < 2$가 된다.

b를 부등식의 양변에 곱하면 $b < a < 2b$가 되어 $2b - a > 0$이고,

따라서 위의 분수식에서 분자 $2b - a = a_1 > 0$이다.

한편 $2b < 2a$ 이므로 $a_1 = 2b - a < a$ 이다.

즉 a_1은 a 보다 작은 자연수이다.

지금까지 우리는 $\sqrt{2} = \dfrac{a}{b} = \dfrac{a_1}{b_1}$ 을 얻었다.

위의 과정을 다시 반복하면 $\sqrt{2} = \dfrac{a_2}{b_2}$ (a_2는 a_1보다 작은 자연수)를 얻을 수도 있다. 즉 위의 과정은 무한히 반복될 수 있다는 것인데 자연수는 한없이 작게 만들 수가 없다.

그러므로 $\sqrt{2}$는 유리수가 아니다.

바빌론에서 발견된 무리수

$\sqrt{2}$가 무리수라는 사실을 발견한 것은 피타고라스학파가 처음이 아니었습니다.

예일대학에서 소장하고 있는 바빌로니아의 흙판은 고대의 바빌로니아인들이 $\sqrt{2}$의 존재와 더 나아가 그 수가 무리수라는 사실도 알고 있었음을 보여 줍니다. 다음 그림은 $\sqrt{2}$와 관련된 바빌로니아의 흙판입니다. 그 옆의 그림은 그것을 그대로 옮겨 그린 그림이며, 마지막 그림은 흙판에 나타난 쐐기문자를 아라비아 숫자로 바꾸어 적은 것입니다.

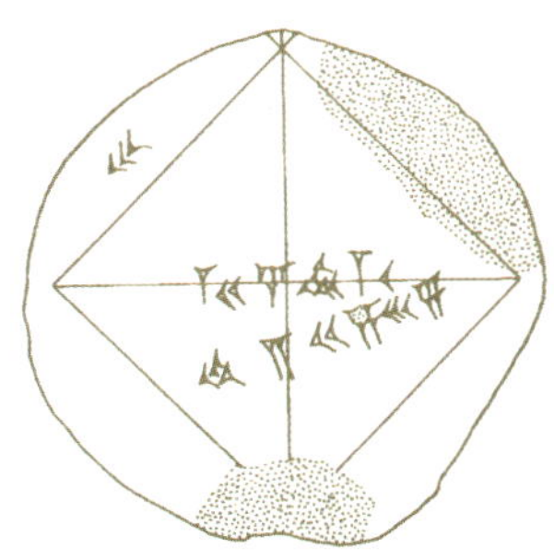
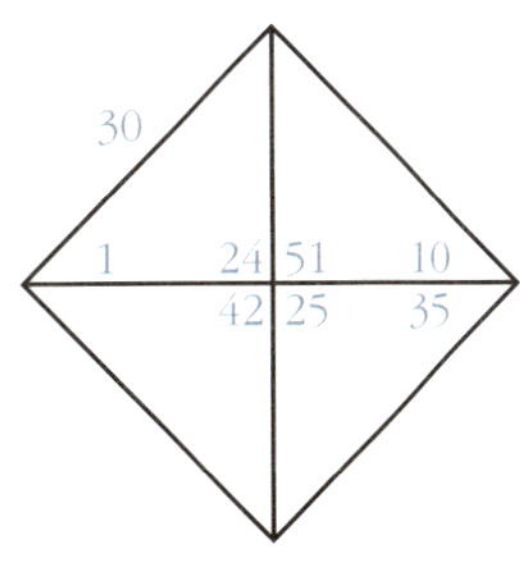

마지막 그림의 숫자들은 육십진법으로 표기된 수로, 1, 24, 51, 10은 $1 + \dfrac{24}{60} + \dfrac{51}{60^2} + \dfrac{10}{60^3}$ 을 의미합니다. 이를 십진법으로 고치면 약 1.414213이 되는데, $\sqrt{2} = 1.414213562\cdots$와 비교해 보면 소수 여섯째 자리까지 정확하게 일치합니다.

앞의 그림에 나와 있는 또 다른 수 42, 25, 35는 $1 + \dfrac{24}{60} + \dfrac{51}{60^2} + \dfrac{10}{60^3}$ 에다 30을 곱한 결과로 $42 + \dfrac{25}{60} + \dfrac{35}{60^2}$ 를 의미하는데, 이 수는 한 변의 길이가 30인 정사각형의 대각선의 길이입니다.

이처럼 바빌로니아인들은 정사각형의 대각선의 길이가 한 변의 길이의 $\sqrt{2}$배라는 사실을 알고 있었을 뿐만 아니라 $\sqrt{2}$의 근사값도 정확하게 구할 수 있었습니다.

수학 문제는 출발점이 되는 어떤 조건을 이용해서 특정한 상황이나 값에 최종적으로 도달하도록 요구합니다. 이때 출발점에 있는 조건은 가정, 종점에 있는 상황이나 값은 결론이라고 할 수 있습니다. 결국 수학 문제의 풀이는 가정과 결론 사이의 관계를 진술하는 것으로, 자신이 얻은 결론이 주어진 가정으로부터 어떻게 필연적으로 도출되는지 밝힌다는 점에서 셜록 홈스의 사건 풀이와 크게 다르지 않습니다.

셜록 홈스의 추리

"……자네 하루 종일 클럽에 있었지? 난 알 수 있네."

"오, 여보게, 홈스!"

"내 말이 틀렸나?"

"아니, 맞아. 하지만 어떻게……?"

"자네에겐 어떤 신선한 즐거움 같은 게 있어, 왓슨. 그래서 난

자네를 상대로 내가 가진 약간의 힘을 발휘하는 게 즐겁다네. 비가

질금질금 내리고 길은 온통 진흙탕인 날 어떤 신사가 외출을 하였
는데, 저녁때 돌아오는 걸 보니 모자와 구두는 여전히 깨끗하고 반
짝이더라 이 말일세. 그러니 그 신사는 온종일 한곳에 머물렀던 게
아니겠나. 게다가 그에게는 아주 친한 친구도 없었단 말일세. 그렇
다면 그가 어디에 있었겠나? 빤한 이야기 아닌가?"

이 이야기는 코넌 도일이 쓴 탐정 소설의 한 대목으로, 홈스가 친
구 왓슨의 행적을 추리하는 내용을 담고 있습니다.

코넌 도일의 소설이 흥미진진한 이유는 주인공 셜록 홈스가 사건
을 해결하는 과정이 매우 독특하기 때문입니다. 그는 어떤 사건의 상황
으로부터 있을 수 있는 모든 가능성을 치밀하게 점검한 후에 필연적으
로 도달할 수밖에 없는 하나의 결론을 찾아냅니다.

수학 문제의 풀이 과정도 셜록 홈스가 사건을 해결하는 과정과 크게
다르지 않습니다. 수학 문제는 대부분 다음과 같이 진술되어 있습니다.

…… 이 주어져 있을 때, …… 을 구하여라.
…… 이 주어져 있을 때, …… 을 증명하여라.

　수학 문제는 출발점이 되는 어떤 조건을 이용해서 특정한 상황이나 값에 최종적으로 도달하도록 요구합니다. 이때 출발점에 있는 조건은 가정, 종점에 있는 상황이나 값은 결론이라고 할 수 있습니다. 결국 수학 문제의 풀이는 가정과 결론 사이의 관계를 진술하는 것으로, 자신이 얻은 결론이 주어진 가정으로부터 어떻게 필연적으로 도출되는지 밝힌다는 점에서 셜록 홈스의 사건 풀이와 크게 다르지 않습니다.

　여러분들이 수학 문제를 풀 때마다 자신이 셜록 홈스가 되어 사건을 해결하는 것이라고 생각한다면 수학 공부가 결코 재미없고 따분한 일이 되지는 않을 것입니다.

참과 거짓을 밝히는 수학

수학은 재미있다.
비행기는 빠르다.
$x+3=7$
12는 5의 배수이다.
정사각형은 직사각형이다.

위의 문장들 중 참인 문장은 어느 것인가요? 또 거짓인 문장은? 혹시 참과 거짓을 구별하기 힘든 문장도 있나요?

사실 첫 번째와 두 번째 문장은 참과 거짓을 구별할 수 없는 문장입니다. 왜냐하면 '재미있다'와 '빠르다'에 대한 기준은 사람마다 다르기 때문입니다. 그렇다면 세 번째 문장은 어떤가요? 만약 x에 4를 대입하면 등식은 성립하지만, 그 외의 다른 숫자들을 대입하면 등식은 성립하지 않습니다. 즉 x의 값에 따라 참이 되기도 하고 거짓이 되기도 합니다. 그렇다면 세 번째 문장도 참과 거짓을 단정 짓기는 어려운 문장이겠죠? 네 번째 문장의 경우 12는 5로 나누어떨어지지 않기 때문에 거짓인 문장이고, 마지막 다섯 번째 문장은 참인 문장입니다.

사람들이 주고받는 많은 말들 중에는 이처럼 참과 거짓을 구별할 수 있는 것도 있고, 또는 그 구별이 불가능한 것도 있습니다. 우리는 참과 거짓을 명확하게 판별할 수 있는 문장을 '명제'라고 부릅니다. 명제는 보통 가정과 결론으로 이루어져 있습니다.

앞에서 수학 문제도 가정과 결론으로 이루어져 있다고 했는데, 기억하나요? 가정에 해당하는 주어진 조건을 잘 이용해서 목적한 결론을 이끌어내는 것이 바로 수학 문제를 해결하는 것입니다. 우리가 교과서에서 다루는 대부분의 수학 문제들은 이미 특정한 답이 정해져 있는 참인 명제들입니다. 증명 문제의 경우에도 '…임을 증명하여라'라고 제시되어 있습니다. 즉 주어진 명제가 참인지를 확인해 보라고 요구하고 있는 것입니다.

하지만 교과서에 등장하기까지 여러 수학자들은 다양한 수학 이론들이 정말 참인지를 밝히기 위해 수없이 확인하고 증명했을 것입니다. 지금도 수학자들은 끊임없이 연구하고 새로운 이론들을 창조하고 있습니다. 그러면 또 다른 수학자들은 그 새로운 이론이 참인지 거짓인지를 밝혀 더욱 새롭고 발전된 수학의 세계를 만들어 가겠지요.

추론의 세 가지 방법

수학 문제를 해결하거나 새로운 수학적 지식을 얻는 가장 중요한 방법은 추론입니다.

추론은 다음과 같이 세 가지로 구분할 수 있습니다.

```
            ┌─ 유추
추론 ───────┼─ 귀납
            └─ 연역
```

이 세 가지 추론 방법이 무엇인지, 그리고 그 각각의 방법들이 수학 문제에 어떻게 이용되는지 살펴보겠습니다.

유추(類推)는, 비유를 통한 추론을 말합니다. 좀 더 자세히 설명하자면 주어진 문제 상황과 비슷한 환경에 적용되는 해결 방안을 찾아내어 다시 원래의 문제 상황에 적용하는 것이 유추에 의한 추론입니다.

어떤 사람이 아래 그림의 원에서 지름을 구하는 문제를 해결했다고 가정하겠습니다. 즉 이 원의 평행한 현들의 중점을 연결한 직선이 구하고자 하는 지름입니다. 그 후 타원을 관찰해 보니 그 형태가 원과 매우 비슷하다는 것을 발견하고는 다음과 같은 결론을 내렸습니다.

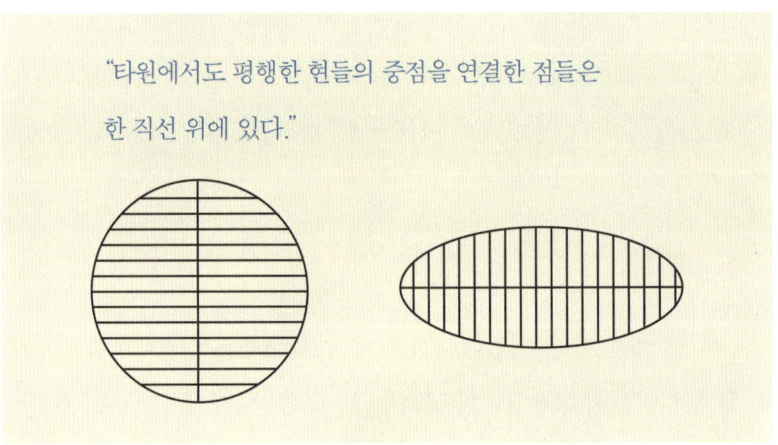

▌ 귀납 ▌

　　귀납(歸納)은, 특수한 진리로부터 일반적인 진리를 추론하는 방법입니다. 귀납적 추론은 일상생활에서 자주 발견됩니다. 어떤 문구점에서 구입한 학용품의 대부분이 불량품이었다면 그 문구점에서 판매하는 모든 학용품은 불량품이라고 쉽게 결론을 내립니다. 다음은 여러분이 많이 보았을 법한 추론 과정입니다.

　　　　소크라테스는 죽는다.

　　　　플라톤은 죽는다.

　　　　아리스토텔레스는 죽는다.

　　　　그러므로 모든 인간은 죽는다.

　　이것은 개개의 특수한 사실을 종합하여 거기에서 일반적 원리를 이끌어 낸 대표적인 귀납적 추론의 예입니다. 그러면 수학에서는 귀납적 추론이 어떻게 사용될 수 있는지 살펴보겠습니다.

　　삼각형의 내각의 합을 구하기 위하여 어떤 사람은 서로 다른 삼각형들을 종이 위에 그려서 각도기로 직접 각을 재보기도 하고, 또 어떤 사람은 삼각형을 각각의 꼭지점을 포함하는 세 부분으로 잘라 내각의 합이 180도가 되는 것을 발견하기도 합니다.

　이는 귀납적 추론으로, 사실상 고대 바빌로니아와 이집트인들의 수학은 이 범주를 벗어나지 못하였습니다. 그들은 삼각형의 밑변과 높이를 곱한 값의 절반이 그 삼각형의 넓이가 된다는 사실을 측정으로부터 발견할 수 있었습니다. 그 후 이 식을 계속 이용한 결과가 신뢰할 수 있다고 판단이 되자 이 공식이 정확하다고 결론 내렸습니다.

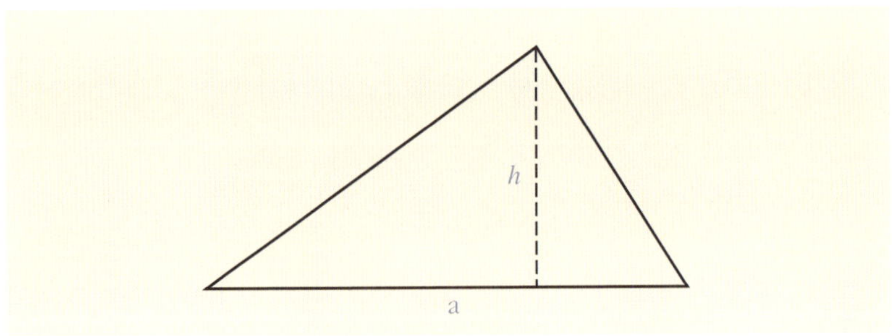

$$S = \frac{1}{2}ah$$

연역(演繹)은 일반적인 진리로부터 특수한 진리를 추론하는 방법입니다. 귀납적 추론과는 대조적인 방법이라 할 수 있습니다.

> 모든 인간은 죽는다.
> 소크라테스는 인간이다.
> 그러므로 소크라테스는 죽는다.

이와 같이 연역적 추론에서 우리는 가정이라고 부르는 몇 가지 전제로부터 필연적으로 성립할 수밖에 없는 결론을 얻게 됩니다.

우리는 방정식을 풀 때 연역적 추론을 사용합니다.

$$x - 7 = 3$$
$$x - 7 + 7 = 3 + 7$$
$$x = 10$$

'등식의 양변에 같은 것을 더해도 그 등식은 성립한다'는 일반적인 원칙을 적용하여 $x = 10$이라는 특수한 결과를 얻은 것입니다.

모든 수학적 증명은 연역적이어야 한다 —직접 증명법

수학 명제를 증명하는 방법으로는 직접 증명법과 간접 증명법이 있습니다. 직접 증명법은 가정에서 직접 결론을 이끌어 내는 증명 방법이고, 간접 증명법은 가정에서 차례로 추론하여 결론을 이끌어 내는 것이 아니라 우회적으로 명제가 참임을 밝히는 방법입니다.

직접 증명법에는 앞서 살펴본 귀납적 추론과 연역적 추론이 사용됩니다. 사실 증명에는 연역적 추론만을 사용한다고 해도 과언이 아닙니다. 연역적 추론은 언제나 필연적으로 성립할 수밖에 없는 결론을 유도하므로 귀납적 추론보다 훨씬 더 논리적이기 때문입니다. 귀납적 추론으로 잘못된 결론에 도달하는 예를 한번 생각해 볼까요?

어떤 과학자는 실험에 의해 20~30개의 물체가 열을 받으면 모두 팽창한다는 결과를 얻었습니다. 그리고 모든 물체는 열을 받으면 팽창한다고 결론을 내렸습니다. 하지만 이 과학자가 내린 결론은 잘못된 것입니다. 예를 들어 물은 섭씨 0도에서 4도로 데우더라도 결코 팽창하지 않기 때문입니다.

물론 귀납적 추론은 연역적 추론보다 한결 쉬운 추론 방법입니다. 앞에서 보았던 예처럼 귀납적 추론을 사용하면 '삼각형의 세 내각의 합은 180도이다'라는 명제가 참임을 쉽게 추측할 수는 있습니다. 그러나 '또 다른 모양의 삼각형의 세 내각의 합도 180도일까?'라는 의문이 계속될 것입니다. 따라서 이 세상의 모든 삼각형에 대해 세 내각의 합이 그러한지를 자신 있게 말할 수는 없으니까 증명이라고 할 수는 없죠. 그것이 귀납적 추론의 한계임을 앞에서 이야기했습니다.

그래서 수학자들은 증명을 할 때 손쉽고 간편한 귀납적 추론을 거부하고 연역적 추론만을 고집하고 있습니다. "모든 수학적 증명은 연역적이어야 한다"라는 것이 수학자들의 일관된 주장입니다. 그러므로 직접 증명법은 대체로 연역적 추론임을 뜻합니다.

수학자들이 연역적 추론만을 고집하고 있음을 보여 주는 이야기를 하나 소개해 보겠습니다.

우리는 이미 자연수에 대한 많은 성질을 알고 있습니다. 그런데 어느 날 우연히 몇 개의 작은 짝수가 두 개의 소수의 합으로 분해된다는 것을 발견하게 됩니다. 예를 들어 $4=2+2$, $6=3+3$, $8=3+5$, $10=3+7 \cdots$. 실제로 더 큰 짝수에 대해서도 위와 같은 결과가 적용된다는 것을 알 수 있습니다. 그러므로 우리는 귀납적 추론에 의하여 "짝수는 두 개의 소수의 합으로 분해된다"라고 주장할 수 있습니다.

그러나 수학자들은 이러한 결론을 결코 수학의 명제로 받아들이지 않았습니다. 그 이유는, 이 명제가 주어진 전제로부터 연역적으로 추론

되지 않았기 때문입니다. 이 문제는 1742년 크리스티안 골드바흐 (Christian Goldbach, 1690~764)가 오일러에게 보낸 편지에서 처음 제안한 것으로 '골드바흐의 가설'이라고 부릅니다.

"2보다 큰 짝수는 두 소수의 합으로 나타낼 수 있다."

$4=2+2$	$20972=13+20959$
$6=3+3$	$20974=11+20963$
$8=5+3$	$20976=13+20963$
$10=3+7$	$20978=19+20959$
$12=5+7$	$20980=17+20963$
$14=3+11$	$20982=19+20963$
$16=3+13$	$20984=3+20981$
$18=5+13$	$20986=3+20983$
$20=3+17$	$20988=5+20983$
$22=3+19$	$20990=7+20983$
$24=5+19$	$20992=11+20981$
$26=3+23$	$20994=11+20983$
$28=5+23$	$20996=13+20983$
$30=7+23$	$20998=17+20981$
$32=3+29$	$21000=17+20983$

골드바흐의 가설은 200여 년이 지난 오늘날까지도 증명되지 않았습니다. 물론 1931년에 러시아의 수학자 슈니르만이 "모든 정수는 30

만 개 이하의 소수들의 합으로 나타낼 수 있다"는 것을 증명하여 처음으로 문제 해결의 진전을 보았습니다. 또한 1937년에는 이반 비노그라도프라는 수학자가 그 개수를 30만에서 4로 줄이는 진전을 보았으나 아직도 완전히 해결되지는 않았습니다.

과학자들은 귀납적 추론에 의하여 얻어진 이 결과를 이용하는 데에 결코 주저함이 없지만, 수학자들은 비록 수천 년이 걸린다 하더라도 연역적 증명만을 고집할 것입니다.

참 고

"삼각형의 세 내각의 합은 180도이다"의 연역적 증명

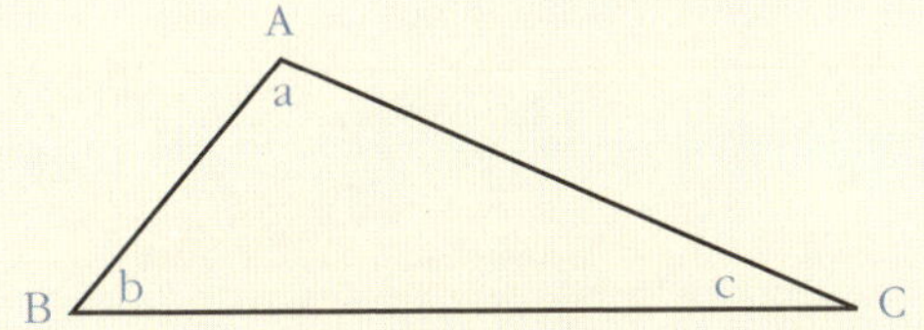

꼭지점 A를 지나고 밑변 $\overline{BC}$에 평행인 직선 $\overleftrightarrow{DE}$를 긋자.

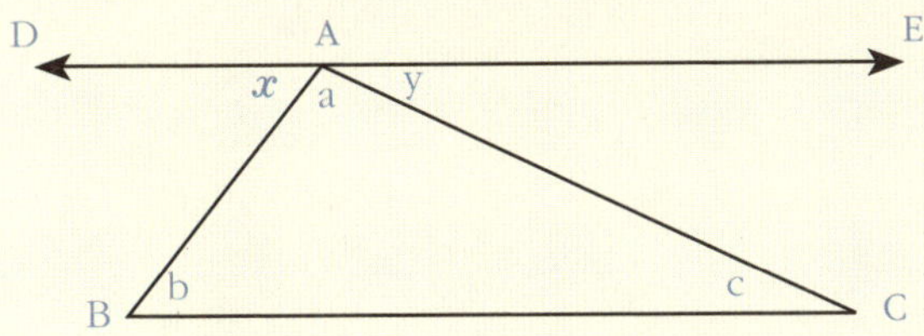

그리고 ∠DAB=x, ∠EAC=y라 하자.

$\overleftrightarrow{DE}$는 직선이므로

$x+a+y=180°$이고

$\overleftrightarrow{DE} \,/\!/\, \overline{BC}$이므로

$b=x$ (엇각), $c=y$ (엇각)이다.

따라서

$a+b+c=a+x+y=180°$이다.

그러므로 삼각형의 세 내각의 합은 $180°$이다.

간접 증명법

우리 속담에 '여자가 한을 품으면 오뉴월에도 서리가 내린다'라는 말이 있습니다. 이 말이 참이면 이렇게 생각할 수도 있습니다. 어느 해 5월과 6월에 서리가 내리지 않았다면 한을 품은 여자가 한 사람도 없는 평온한 1년을 보낸 것이라고요.

가끔은 수학 명제 'p이면 q이다'의 p에서 직접 추론하여 결론 q를 얻기 어려울 때가 있습니다. 이때는 위와 같은 추론 형식을 빌려 증명한 '간접 증명법'을 사용합니다. 간접 증명법에는 대우법과 귀류법이 있습니다.

대우법을 알아보기 전에 먼저 다음을 보세요.

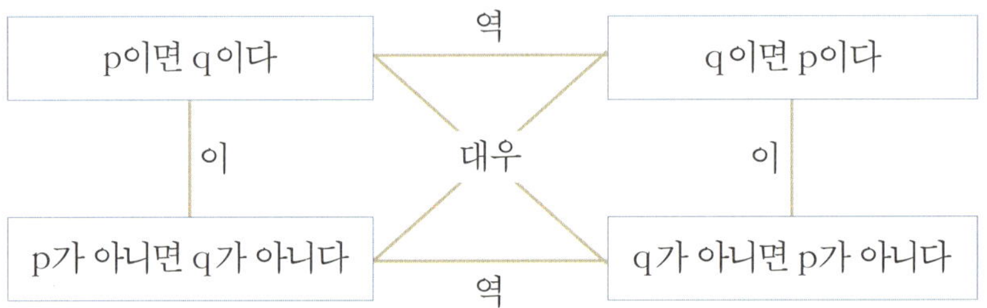

역 : 어떤 명제의 가정과 결론을 바꾸어 놓은 관계

이 : 어떤 명제의 가정과 결론을 부정해 놓은 관계

대우 : 어떤 명제의 가정과 결론을 바꾸어 놓고 그 명제의

가정과 결론을 부정해 놓은 관계

대우법은 어떤 명제가 참임을 직접 증명하기 어려울 때 대신 대우가 참임을 증명하는 방법입니다. 어떤 명제가 참이라면 그 대우인 명제도 항상 참이 된다는 원리를 이용한 것입니다. 대우법을 이용한 증명은 이전에도 한 번 소개되었는데 알고 있나요? 물론 그때는 대우법이란 설명을 덧붙이지 않아 무심코 그냥 넘어갔을 것입니다. '$\sqrt{2}$는 무리수이다'의 아리스토텔레스의 증명(117페이지를 보세요.)으로 잠시 되돌아가 보겠습니다. $\sqrt{2}$가 무리수임을 증명하기 전에 '자연수 a^2이 짝수일

필요충분조건은 a가 짝수이다' 라는 정리를 증명했습니다. 이 정리를 증명할 때 a^2이 짝수이면 a가 짝수라는 것을 증명하는 대신 '어떤 자연수 a가 홀수이면 a^2은 홀수이다'를 증명했습니다. 즉 대우가 참임을 보여 원래의 명제가 참임을 증명한 것입니다.

▌ 귀류법 ▐

수학적 증명은 그 결론이 언제나 주어진 조건인 가정으로부터 얻어져야 한다는 것을 최초로 밝힌 사람은 피타고라스입니다. 그는 연역적 체계 안에서는 어떤 결론이 참이라는 것을 밝히려면 그 결론이 보다 앞서서 확립된 다른 참인 명제로부터 필연적으로 추론된 결과여야 한다는 연역적 추론을 수학(기하학)에 도입하였습니다. 이는 흔히 알려진 '피타고라스의 정리'보다도 뛰어난, 그의 가장 위대한 업적이라 할 수 있습니다.

수학의 발전에서 이룩한 피타고라스의 업적은 유클리드에 의하여 꽃을 피우게 됩니다. 특히 그의 『원론』에 나오는 간접 증명법인 '귀류법'은 수학의 우아한 자태를 보여 주는 하나의 모델로 간주되고 있습니다.

귀류법은 어떤 결론을 직접 도출하기 어려울 때, 그 결론이 성립하지 않는다면 모순 또는 불가능한 사태가 발생한다는 것을 보여 줌으로써 간접적으로 그 결론이 성립한다는 것을 증명하는 방법입니다. 귀류법 또한 앞에서 소개된 적이 있습니다. 이 방법 또한 아리스토텔레스의 증명에서 찾아볼 수 있습니다. $\sqrt{2}$가 무리수임을 증명하기 위해 우선 $\sqrt{2}$가 무리수가 아니라고, 즉 유리수라고 가정하고 증명을 했더니 결국 모순된 결과가 나왔습니다. 그렇기 때문에 $\sqrt{2}$가 유리수라는 가정은 잘못된 것이고, 따라서 $\sqrt{2}$는 무리수일 수밖에 없음을 증명한 것입니다.

유클리드는 『원론』에서 '소수의 개수는 무한이다'라는 명제를 다음과 같이 귀류법을 이용하여 증명하였습니다.

소수의 개수가 유한이라고 가정하자.

그 소수들을 a, b, c, ……, n (단, 이들은 크기 순으로 배열된 것이다)이라 하고, $P = abc \cdots n + 1$로 정의하자. 그러면 P는 소수이거나 합성수이다. 그러나 n이 최대의 소수이고 $P > n$이므로 P는 소수가 될 수 없다. 즉 P는 합성수가 되는데, 그렇다면 P를 나누는 소수가 존재해야 한다. 그러나 a부터 n까지의 어떤 소수로 P를 나누더라도 나머지는 1이 된다. 결국 P는 합성수도 아니라는 모순에 빠지게 되는데, 이는 소수가 유한 개라고 가정한 데에서 나온 모순이다. 그러므로 소수의 개수는 무한이다.

귀납법이 아닌 수학적 귀납법

수학적 귀납법은 논리학에서 사용하는 귀납법과는 다른 의미를 갖고 있습니다. 특수한 사실들에서 일반적인 결론을 이끌어내는 귀납법의 의미가 수학적 귀납법에는 별로 해당되지 않기 때문입니다.

수학적 귀납법은 새로운 사실을 주장하거나 발견하는 방법이라기보다는 이미 알려진 사실을 엄격한 논리에 의하여 증명하는 또 하나의 기술이라 할 수 있습니다.

수학적 귀납법을 처음으로 사용한 사람은 그리스에서 태어난 마우롤리코(Maurolico, 1494~1575)이지만, 그것의 논리적 가치를 인식하고 수학의 영역에서 사용하기 시작한 사람은 유명한 수학자 파스칼(Pascal, 1623~1662)입니다. 그 후에 드모르간(de Morgan, 1839~1917)이 그동안 사용했던 '연속 귀납법'이란 용어 대신 처음으로 '수학적 귀납법'이란 용어를 썼습니다. 독일의 수학자 데데킨트가 1887년 이를 '완전 귀납법'으로 바꾸어 부르기도 했지만 오늘날에는 다시 '수학적 귀납법'이라고 부릅니다.

수학적 귀납법으로 증명할 수 있는 명제는 '모든 자연수 n에 대하여' 성립하는 식이나 문장입니다. 이러한 문장은 보통 P(n)으로 표현하는데, P(1)이나 P(10)은 각각 자연수 1이나 10에 대응하는 명제입니다.

수학적 귀납법을 이용한 증명은 고등학교 과정에서 다루어지나 앞에서 살펴보았던 도형수 중 사각수에서 발견한 규칙을 수학적 귀납법으로 증명해 보겠습니다. 어려울 수도 있지만 '아, 이런 방법이 수학적 귀납법이구나!' 라는 생각을 어렴풋이나마 할 수 있는 계기가 되었으면 좋겠습니다.

$$P(n):1+3+5+\cdots+(2n-1)=n^2$$

모든 자연수 n에 대해 위의 등식이 성립함을 증명하려면, 다시 말해 위의 명제가 참임을 증명하려면 다음 두 가지를 증명해야 합니다.

(1) P(1)이 참이다.
(2) P(k)가 참이라고 가정한다면, P(k+1)도 참이다.

$P(1) : 1 = 1^2$

다음은 귀납의 단계이다. 먼저 $P(k)$가 참이라고 가정하자.
즉 어떤 k에 대하여 $1+3+5+\cdots+(2k-1)=k^2$이다.

$P(k+1)$이 성립함을 확인하기 위하여 양변에 $(2k+1)$을
더하여 다음의 식을 얻는다.
$$1+3+5+\cdots+(2k-1)+(2k+1)=k^2+(2k+1)$$
$$=(k+1)^2$$

따라서 $P(n)$은 수학적 귀납법에 의하여 모든 자연수에 대하여
성립한다.

모순에 대해서

중국의 춘추전국시대에는 전쟁이 잦았기 때문에 무기를 파는 사람들이 많았습니다.

어느 날 초나라의 한 장사꾼이 창[矛]과 방패[盾]를 거리에 늘어놓고 다음과 같이 선전하였습니다.

"여기 이 방패로 말할 것 같으면 어찌나 견고한지 이것을 꿰뚫을 수 있는 창은 이 세상에 없습니다. 그리고 이 창을 보십시오. 얼마나 근사합니까? 이 창은 특제인데 어찌나 끝이 날카롭고 단단한지 천하에 어떤 물건도 뚫지 못하는 것이 없습니다."

이 말을 듣고 있던 한 사람이 아무래도 이상해서 물었습니다.

"뭐요? 어떤 것도 뚫을 수 없는 방패와 어떤 것도 뚫을 수 있는 창이라고? 그러면 당신이 가지고 있는 창으로 그 방패를 찌르면 어떻게 되는 거요?"

"……."

  이 이야기는 두 가지가 동시에 성립하지 않음을 나타내는 예입니다. 수학에서의 명제도 참과 거짓 중 한 가지의 값만을 가집니다. 하지만 가끔은 완벽한 논리로 무장되어 있다고 하는 수학에서도 모순이 나타납니다.

수학의 발전과 패러독스

"지금 여러분이 읽고 있는 글은 거짓이다."

위의 문장은 참입니까, 거짓입니까?

만약 참이라면 이 문장도 여러분이 읽은 글이므로 거짓입니다. 한편 이 문장이 거짓이라고 한다면 다시 이 문장은 참이 됩니다. 그러므로 위의 문장은 참도 거짓도 아닙니다.

위의 문장은 기원전 6세기경 유클리드의 제자였던 유불리데스가 고안한 패러독스(paradox, 역설)를 변형한 것입니다. 그가 고안한 패러독스는 "모든 크레타인은 거짓말쟁이이다"로, '거짓말쟁이 패러독스'라고도 불립니다. 위의 문장처럼, 만약 이 말이 참이라면 크레타인이었던 유불리데스는 거짓말을 하는 것이고, 거짓이라면 그는 진실을 말하고 있는 것입니다.

앞으로 몇 가지의 패러독스를 더 살펴보면 알 수 있겠지만, 대부분의 패러독스는 '착각'이라 할 수 있습니다. 유불리데스의 거짓말쟁이 패러독스 또한 그렇습니다. 그 문장이 거짓이라면 "어떤 크레타인은 거짓말쟁이이다", 즉 "크레타인이 거짓말을 할 수도 있고 하지 않을 수도 있다"는 뜻에 불과합니다.

하지만 패러독스의 '착각' 때문에 수학은 무한히 발전할 수 있었습니다. 왜냐하면 이러한 '착각'은 수학자들에게도 수많은 혼란을 가져다주었고, 또한 그 혼란에서 벗어나고자 하는 욕심을 갖게 했기 때문입니다. 물론 혼란을 벗어나기까지는 오랜 시간이 걸리기도 합니다. 그러나 오랜 시간만큼 다양하고 많은 수학 이론이 탄생하고 발전하게 되었습니다.

아킬레스와 거북이

아킬레스와 거북이의 달리기 시합 이야기는 누구나 한번쯤 들어 보았을 것입니다. 이 이야기에 등장하는 아킬레스는 그리스의 전설적인 마라톤 영웅입니다.

그런데 아킬레스와 거북이가 경주를 할 때 거북이가 아킬레스보다 조금 앞에서 출발하면 마라톤의 영웅인 아킬레스도 결코 거북이를 따라 잡을 수 없다는 것이 이 이야기의 내용입니다.

수학을, 특히 속도의 의미를 아는 사람이라면 누구나 말도 안 되는 생각이라고 할 것입니다. 하지만 제논은 다음과 같이 설명했습니다.

"가장 빨리 달린다는 아킬레스도 그보다 앞서 출발한 거북이를 결코 따라잡을 수 없어. 왜냐하면 아킬레스가 거북이의 출발점에 도착했을 때에는 이미 거북이는 조금 앞으로 갔을 테고, 다시 따라잡을 경우에도 거북이는 이미 그 지점을 지나쳐 버렸기 때문이지."

제논의 설명을 들으니 생각이 바뀌었나요? 그렇다면 정말로 아킬레스와 거북이의 달리기 시합에서의 승자는 거북이가 될까요?

이 아킬레스와 거북이의 패러독스는 시간이 고려되지 않아 생긴 '착각'입니다. 아킬레스가 점점 거북이와의 간격을 좁혀 갈수록 다음 거북이의 위치까지 도달하는 데에 걸리는 시간은 0에 가까워집니다. 이 때의 0은 수학적 용어로 '극한' 또는 '극한값'이라고 부를 수 있습니다. 일정한 규칙에 따라 숫자들을 무한히 늘어놓았을 때 점차 숫자들이 어떤 값에 가까워지면 그 값을 극한이라고 합니다. 제논이 이 패러독스를 생각해 낸 당시에는 제논뿐만 아니라 수학자들도 극한의 개념을 몰랐기 때문에 이러한 '착각'에 빠진 것입니다. '극한'은 고등학교에서 배우는 용어라 어려울 수도 있고, 그래서 아직도 제논의 생각이 맞다는 '착각'에 빠진 학생도 있을 것입니다. 그런 학생들은 다음 그래프를 보고 '착각'에서 얼른 빠져나오길 바랍니다.

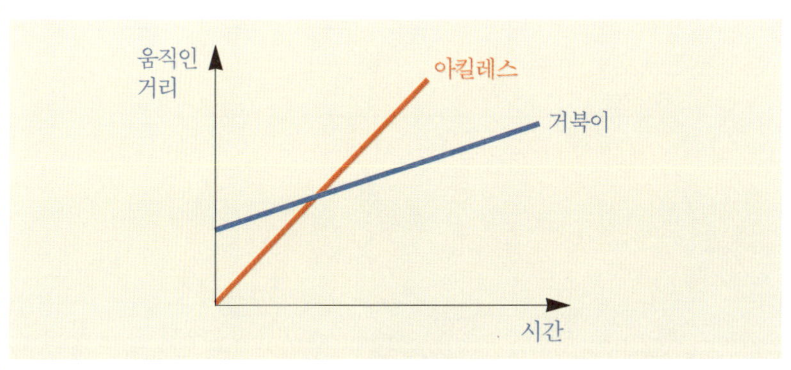

아리스토텔레스의 패러독스

바퀴에는 두 개의 동심원이 놓여 있습니다. 이 바퀴를 한 번 회전하여 아래 그림에서와 같이 A에서 B로 이동시킵니다. 선분 AB가 큰 원의 둘레의 길이와 같지 않습니까?

그런데 이상한 것은 작은 원도 한 번 회전하였고, 움직인 거리도 선분 AB의 길이와 일치합니다. 그렇다면 작은 원의 둘레의 길이도 선분 AB의 길이와 일치합니까?

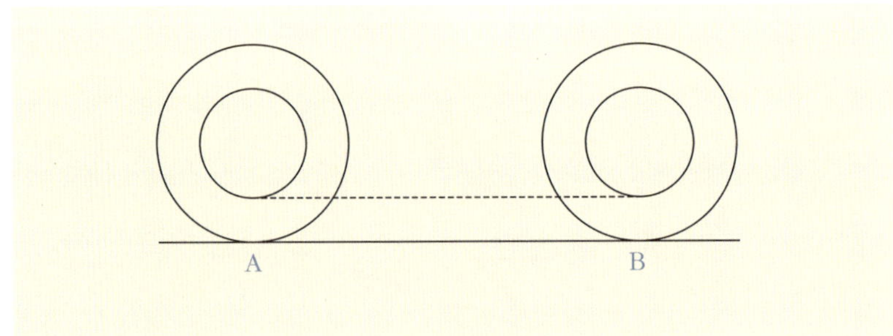

갈릴레오는 원 모양의 바퀴 대신에 사각형의 바퀴에서 두 개의 동심 사각형을 가정하여 이 문제를 설명하려고 하였습니다. 아래 그림과 같이 큰 사각형이 네 번 넘어가면 그 안에 있는 작은 사각형은 세 번만 넘어가고 있음을 알 수 있습니다. 이 사실로부터 작은 원이 어떻게 선분 AB의 거리를 이동하는지 알 수 있으며, 아울러 선분 AB는 결코 작은 원의 둘레와 일치하지 않는다는 것을 알 수 있습니다.

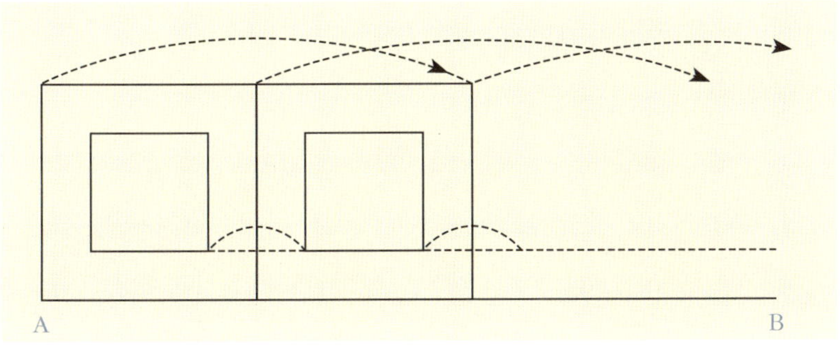

러셀의 패러독스

다음은 영국의 철학자이자 수학자인 러셀이 1901년에 제시한 집합과 관련된 패러독스입니다.

자기 자신을 포함하지 않는 모든 집합의 집합을 Z, 즉 $Z = \{X \mid X \not\subseteq X\}$라 할 때 Z는 자기 자신에 속할까, 아니면 속하지 않을까? 만약 Z가 Z에 속한다면 Z의 정의에 의해 Z는 Z에 속하지 않아야 한다. 또한 Z가 Z에 속하지 않는다면 마찬가지로 Z의 정의에 의해 Z는 Z에 속해야 한다.

너무 어려운 말이지요? 그래서 러셀은 나중에 이 패러독스를 좀 더 대중적인 형태로 표현했습니다.

어느 마을에 들른 한 나그네가 그 마을에 있는 이발사에게 그의 경쟁상대가 있는지를 물었다. 이발사는 이렇게 대답했다.

"아닙니다. 경쟁상대는 없습니다. 나는 우리 마을에서 자기 스스로 수염을 깎지 않는 모든 사람들만 수염을 깎아 줍니다."

이 답변을 들은 나그네는 '이 이발사가 자신의 수염을 스스로 깎을

까?' 하는 궁금증이 생겼다.

나그네의 궁금증을 함께 해결해 볼까요? 먼저 이발사가 스스로 면도를 한다고 가정하겠습니다. 그러면 이 이발사는 자신의 수염을 스스로 깎는 사람에 대해서는 면도를 해주지 않기 때문에 결국 그는 자신의 수염을 자신이 깎지 않는 셈이 됩니다. 그렇다면 그가 자신의 면도를 하지 않는다고 가정해 보겠습니다. 그러나 이 이발사는 스스로 수염을 깎지 않는 사람에 대해서는 모두 면도를 해주기 때문에 결국 그는 자신의 수염을 깎는 셈이 됩니다. 즉 이발사는 자신의 수염을 깎을 때는 깎지 않고, 깎지 않을 때에는 깎는다는 참 이상한 대답을 한 것입니다.

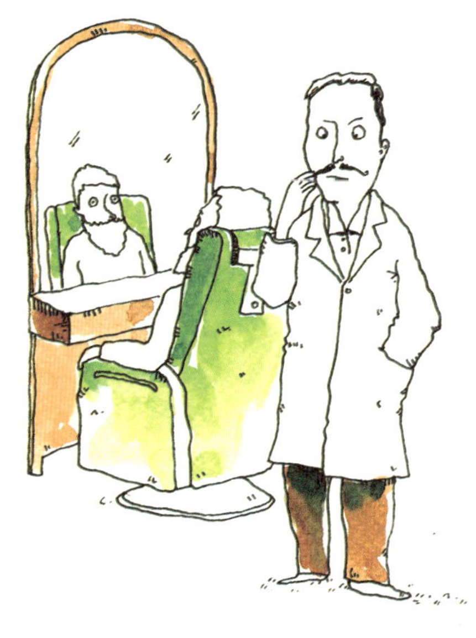

이발사 패러독스와 같은 유형의 패러독스 2개를 더 소개해 보겠습니다.

(1) 지방자치제가 실시되면서 각 도시에서는 시장을 선출하여야

했습니다. 물론 한 사람이 두 도시의 시장을 겸임할 수는 없습

니다. 그런데 어떤 경우에는 시장이 그 도시에 살고 있지 않은 폐단이 있었습니다. 그래서 그러한 시장들을 특정한 지역인 A에 살도록 하는 법령이 제정되었습니다. 그런데 A지역에 살아야 되는 시장들이 너무 많아져서 이 지역에도 지방자치제를 실시하여야만 하게 되었습니다. 그렇다면 A지역에서 선출되는 시장은 어느 곳에서 살아야만 합니까?

(2) 여러분이 어느 도서관의 사서라고 합시다. 여러분은 그 도서관의 모든 도서목록을 포함하고 있는 도서목록을 만들 수 있습니까?

동전의 패러독스

오른쪽 그림처럼 동전 2개가 위아래로 나란히 놓여 있습니다. 아래에 있는 동전이 그 위에 놓여 있는 고정된 동전의 주위를 반 바퀴 돌아갑니다.

그러면 움직이는 동전은 위에 있는 동전의 둘레를 절반만 이동하였으므로 위와 아래가 뒤집힌 상태가 될 것으로 기대됩니다. 실제로 동전 2개를 가지고 실험해 보세요. 예상했던 것과는 다른 결과를 보게 될 것입니다. 왜 이런 결과가 일어났는지 설명할 수 있나요?

원 O_1이 원 O_2로 돌아갈 때 호 TP와 호 TP′의 길이가 같고, 원 O_1
과 O_2의 반지름의 길이가 같다. 그런데 돌아가는 원을 보면 직선
$\overrightarrow{OO_1}$이 기준선이 되기 때문에 O_2의 기준선은 $\overrightarrow{OO_1}$과 평행하다. 그
러므로 $\theta=\theta_1$이고, $\theta_1+\theta_2=2\theta$가 된다. 그러므로 θ만큼 돌아갈 때 2θ
가 돌아간 것이므로 반 바퀴 돌아갈 때 밖에 있는 원은 정확하게 한
바퀴를 돈다.

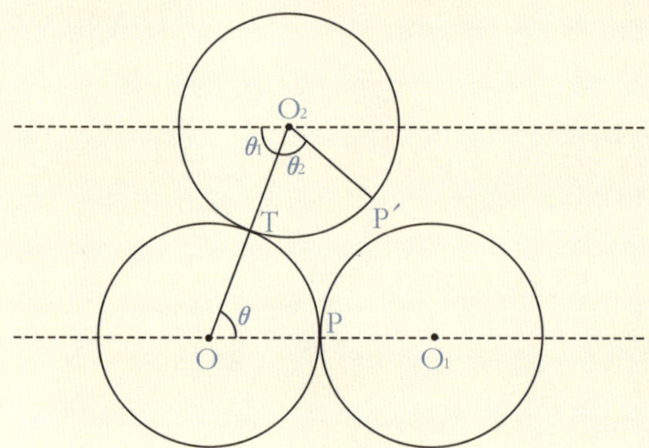

『돈키호테』의 패러독스

산초 판자는 바라타리아 섬의 총독입니다.

그런데 바라타리아 섬에는 특이한 풍습이 있어서, 그 섬에 들어오는 사람들은 왜 그 섬에 상륙했는지 이유를 말해야만 합니다. 만일 그가 진실을 말한다면 석방되지만 거짓말을 하면 교수형을 당합니다.

어느 날 한 여행자가 그 섬에 상륙하여 "나는 교수형을 받기 위해 이 섬에 상륙했다"라고 선언했습니다.

자, 산초 판자는 이 여행자를 어떻게 다루어야 할까요?

무한 개의 방의 패러독스

무한대 호텔에서 지배인을 모집하는데, 자격 요건 중의 하나가 무한대에 대한 풍부한 지식이었습니다. 까다로운 면접까지 모두 통과하고 지배인이 된 삼식이는 왜 호텔에서 무한대, 무한 집합, 초월수 등에 대한 지식을 요구했는지 의아했습니다.

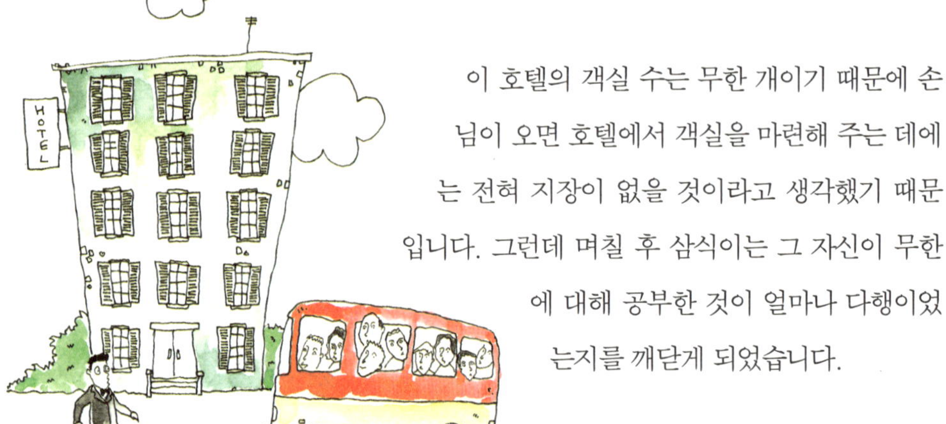

이 호텔의 객실 수는 무한 개이기 때문에 손님이 오면 호텔에서 객실을 마련해 주는 데에는 전혀 지장이 없을 것이라고 생각했기 때문입니다. 그런데 며칠 후 삼식이는 그 자신이 무한에 대해 공부한 것이 얼마나 다행이었는지를 깨닫게 되었습니다.

　　어느 날 삼식이는 출근하자마자 현재 무한 개의 객실에 손님이 투숙하고 있다는 것을 전해 들었습니다. 그리고 얼마 후 이미 예약을 마친 새 손님이 들어왔습니다. 삼식이는 이 손님을 어느 방에 배정할까 잠시 생각한 후에 1호실 손님은 2호실로, 2호실 손님은 3호실로, 3호실 손님은 4호실로…, 즉 모든 투숙객을 현재 객실 번호보다 하나 더 많은 번호의 객실로 이동하게 한 후에 새로운 손님을 1호실에 배정하였습니다. 문제를 해결했다고 안도의 한숨을 쉬고 있던 삼식이에게 이번에는 무한 대의 새로운 손님을 실은 버스가 들이닥쳤습니다. 자, 삼식이가 이 새로운 손님들 모두에게 방을 배정해 주려면 어떻게 해야 할까요?

　　현재의 투숙객들을 각자 머물고 있는 객실 번호의 두 배인 번호의 객실로 이동시킨다.

　　1호실 손님은 2호실로, 2호실 손님은 4호실로, 3호실 손님은 6호실로…, 즉 모두 짝수 번호의 객실에 투숙시키고, 새로 온 손님들은 홀수 번호의 객실에 배정한다.

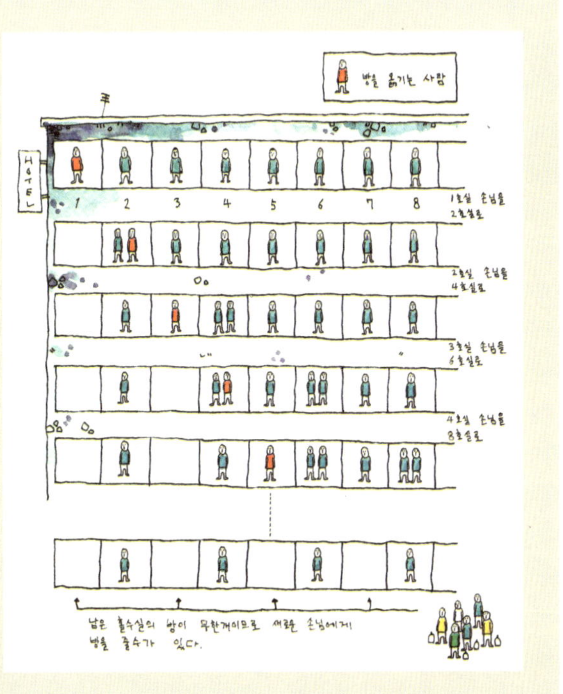

박영훈 선생의 맛있는 수학이야기

멜론수학

초판 1쇄 발행 2007년 1월 25일
재판 3쇄 발행 2008년 5월 25일

지은이 박영훈 · 황선희
펴낸이 박경희
펴낸곳 문예춘추사

마케팅 한승수
디자인 미담
그림 김홍

등록번호 제300-1994-16
등록일자 1994년 1월 24일

주소 410-817 경기도 고양시 일산동구 백석동 1305호
　　　동문굿모닝힐 1차 103동 619호
전화 031)907-4934
팩스 031)907-4935
E-mail rainpkh@lycos.co.kr

ISBN 89-7604-028-7 43410